中华人民共和国水利部

水土保持工程
概算定额

黄河水利出版社

图书在版编目(CIP)数据

水土保持工程概算定额/水利部水利水电规划设计总院,水利部天津水利水电勘测设计研究院主编.—郑州:黄河水利出版社,2003.6
中华人民共和国水利部批准发布
ISBN 7-80621-680-4

Ⅰ.水…　Ⅱ.①水…②水…　Ⅲ.水土保持-水利工程-概算定额-中国　Ⅳ.S157.2

中国版本图书馆 CIP 数据核字(2003)第 029027 号

出 版 社:黄河水利出版社
地址:河南省郑州市金水路 11 号　　邮政编码:450003
发行单位:黄河水利出版社
发行部电话及传真:0371-6022620
E-mail:yrcp@ public.zz.ha.cn
承印单位:河南第二新华印刷厂
开本:850mm×1 168mm　1/32
印张:14. 25
字数:353 千字　　印数:1—20 000
版次:2003 年 6 月第 1 版　　印次:2003 年 6 月第 1 次印刷

书号:ISBN7-80621-680-4/S · 49　　定价:105. 00 元

水 利 部 文 件

水总〔2003〕67 号

关于颁发《水土保持工程概(估)算编制规定和定额》的通知

各有关单位：

根据《中华人民共和国水土保持法》和建设部《关于调整建筑安装工程费用项目组成的若干规定》，结合近年来开发建设项目水土保持工程和水土保持生态建设工程实施情况，为适应建立社会主义市场经济体制的需要，满足新的财务制度要求，合理预测开发建设项目水土保持工程及水土保持生态建设工程造价，水利部委托有关单位编制了《水土保持工程概算定额》、《开发建设项目水土保持工程概(估)算编制规定》及《水土保持生态建设工程概(估)算编制规定》。经审查并商国家计委同意，现予以发布。

此次颁布的定额及规定为推荐性标准，自颁布之日起执行。执行过程中如有问题请及时函告水利部水利水电规划设计总院，由其负责解释。

附件：水土保持工程概（估）算编制规定和定额

中华人民共和国水利部

二〇〇三年一月二十五日

主题词：水土保持　概算　规定　通知

水利部办公厅　　　　2003年2月26日印发

主编单位 水利部水利水电规划设计总院
水利部天津水利水电勘测设计研究院
技术顾问 刘　震　焦居仁　胡玉强
主　　编 陈　伟　朱党生　何志华
副 主 编 董　强　曾大林　宁堆虎　孙富行
陈群香
编　　写 董　强　孙富行　李明强　李学启
罗纯通　王立选　蒲朝勇　郭索彦
田　伟　陈桂杰　王光辉　赵立民
戴朝晖　许志坚　张东瀛　邵月顺
田孟学　陈洪蛟　倪　燕　李天骄

目　录

总 说 明

一、《水土保持工程概算定额》(以下简称本定额)是水土保持工程专业计价标准。适用于开发建设项目的水土保持工程和水土保持生态环境工程。不包括虽具有水土保持功能,但应由开发建设项目主体工程设计计量的项目。

二、本定额按水土保持工程特点分土方工程,石方工程,砌石工程,混凝土工程,砂石备料工程,基础处理工程,机械固沙工程,林草工程,梯田工程,谷坊、水窖、蓄水池工程共十章及附录。

三、本定额是编制水土保持初步设计概算文件的依据,也可作为编制可行性研究报告投资估算的依据。

四、本定额以水土保持工程平均海拔(加权平均)低于或等于2000m地区设置。超过时,人工、机械消耗量乘以下表调整系数。一个建设项目,只采用一个调整系数。

高海拔地区人工、机械定额调整系数

项　目	海　拔　高　度　(m)					
	2000~2500	2500~3000	3000~3500	3500~4000	4000~4500	4500~5000
人　工	1.10	1.15	1.20	1.25	1.30	1.35
机　械	1.25	1.35	1.45	1.55	1.65	1.75

五、本定额不包括冬季、雨季和特殊地区气候影响施工的因素及增加的设施费用。

六、本定额按一日三班、每班八小时工作制拟订,采用一日一班或一日两班工作制时,定额不作调整。

七、本定额的“工作内容”仅扼要说明各章节的主要施工过程和主要工序,次要施工过程及工序和必要的辅助工作,虽未列出,但已包括在定额内。

八、本定额人工、机械的消耗量以工时和台时为计量单位。时间定额中除包括基本工作时间外,还包括准备与结束、辅助工作、作业班内的准备与结束、不可避免的中断、必要的休息、工程检查、交接班、班内工作干扰、夜间工效影响,常用工具和机械的小修、保养、加油、加水等全部时间。

九、本定额均以工程的设计几何轮廓尺寸的工程量为计量单位(除各章另有规定外)。即以完成每一有效单位实体所消耗的人工、材料、机械的数量定额组成。其不构成实体的各种施工操作损耗、允许超挖及超填量、合理的施工附加量和体积变化等,已根据施工技术规范规定的合理消耗量计入定额。

十、定额中的人工是指完成一项定额子目工作内容所需的人工消耗量,包括基本用工和辅助用工的技工和普工在内。

十一、定额中的材料是指完成一项定额子目工作内容所需的全部材料消耗量,包括主要材料、其他材料和零星材料。主要材料以实物量形式在定额中列示,具体说明如下:

1.材料定额中,未列示品种、规格的,均可根据设计选定的品种、规格计算但定额数量不得调整。已列示了品种、规格的,使用时不得变动。

2.一种材料名称之后同时并列了几种不同型号规格的,如石方工程中的火线和电线,则表示这种材料只能选用其中一种型号规格的定额进行计价。

3.一种材料分几种型号规格与材料名称同时并列的,如石方工程中同时并列导电线和导火线,则表示这些名称相同规格不同的材料都应同时计价。

4.材料从工地分仓库或相当于工地分仓库的材料堆放地至工作面的场内运输所需的人工、机械及费用,已包括在各相应定额之中。

十二、定额中的机械是指完成一项定额子目工作内容所需的全部机械消耗,包括主要机械和零星机械。主要机械以台时数量表示,具体说明如下:

1.一种机械名称之后同时并列几种型号规格的,如压实机械中的羊脚碾、轮胎碾,运输定额中的自卸汽车等,表示这种机械只能选用一种型号规格的定额进行计价。

2.一种机械分几种型号规格与机械名称同时并列的,则表示这些名称相同而规格不同的机械都应同时计价。

十三、定额中的其他材料费、零星材料费和其他机械费是指完成一项定额工作内容所需的全部未列量。其他或零星材料费和次要辅助机械的使用费,均以百分数(%)形式表示,其计算基数如下:

1.其他材料费,以主要材料费之和为计算基数;

2.零星材料费,以人工费、机械费之和为计算基数;

3.其他机械费,以主要机械费之和为计算基数。

十四、本定额中的汽车运输定额,适用于工程施工场内运输,使用时不另计高差折平和路面等级系数。汽车运输定额运输距离为 10km 以内。场外运输,应按工程所在地区的运价标准计算,不属本定额范围。

十五、各章的挖掘机定额,均按液压挖掘机拟定。

十六、定额表头数字表示的适用范围:

1.只用一个数字表示的,只适用于该数字本身。当需要选用的定额子目介于两个子目之间时,可用插入法计算。

2.数字用上下限表示的,如 2000~2500,相当于自大于 2000 至小于或等于 2500 的数字范围。

第一章

土 方 工 程

说　明

一、本章定额包括土方开挖、运输、填筑压实等定额共32节、323个子目,适用于水土保持工程措施土方工程。

二、土壤的分类:一般土方按土石十六级分类法的前四级划分土类级别;组合泵冲填土方按水力冲挖机组土类分级划分;淤泥、流沙、冻土按定额子目划分。

三、土方定额的名称:

自然方:指未经扰动的自然状态土方。

松方:指自然方经过机械或人工开挖而松动过的土方。

实方:指填筑、回填并经过压实后的成品方。

四、土方开挖和填筑工程,除定额规定的工作内容外,包括开挖上口宽小于0.3m的小排水沟、修坡、清除场地草皮杂物、交通指挥、安全设施及取土场、卸土场的小路修筑与维护所需的人工和费用。

五、一般土方开挖定额:适用于一般明挖土方工程和上口宽超过4m的沟槽以及上口面积大于$20m^2$的柱基坑土方工程。

六、砂砾土开挖和运输定额,按Ⅲ类土定额计算。

七、推土机推土距离和运输定额的运距,均指取土中心至卸土中心的平均距离。推土机推松土时,定额乘以0.8系数。

八、挖掘机或装载机装土汽车运输各节,适用于Ⅲ类土。Ⅰ、Ⅱ类土按定额乘以0.91系数;Ⅳ类土乘以1.09系数。

九、挖掘机或装载机装土汽车运输各节,已包括卸料场配备的推土机定额在内。

十、挖掘机或装载机挖装土料自卸汽车运输定额,系按挖装自然方拟定,如挖装松土时,人工及挖装机械(不含运输机械)乘以

0.85 系数。

十一、沟、槽土方开挖定额，按施工技术规范规定必须增放的坡度所增加的开挖量，应计入设计工程量中。

十二、压实定额适用于坝、堤、堰填筑工程。压实定额均按压实成品方计。根据技术要求和施工必须增加的损耗，在计算压实工程的备料量和运输量时，按下式计算：

$$100m^3\text{ 实方需要的自然方量}=100(1+A)\times\frac{\text{设计干容重}}{\text{天然干容重}}$$

综合损耗系数 A，包括运输、雨后清理、边坡削坡、接缝削坡、施工沉陷、取土坑、试验坑和不可避免的压坏等损失因素。根据不同的施工方法和填筑料按下表选择 A 值，使用时不得另行调整。

综合损耗系数表

填　筑　料	A(%)
机械填筑混合坝坝体土料	5.86
机械填筑均质坝坝体土料	4.93
机械填筑心墙土料	5.70
人工填筑坝体土料	3.43
人工填筑心墙土料	3.43
坝体砂石料	2.20
坝体堆石料	1.40

一-1　人工清理表层土

工作内容:用铁锹、锄头清除施工场地表层土及杂草。

单位:100m²

项　　　目	单位	表层土厚度(cm)				
		≤5	10	20	30	40
人　　　工	工时	4.2	8.4	16.7	24.0	33.4
零星材料费	%	10	10	10	10	10
定　额　编　号		01001	01002	01003	01004	01005

注:清除的表土需要外运时,每增运 10m,人工增加 5.7 工时。

一-2　人工挖排水沟、截水沟

工作内容:挂线、使用镐锹开挖。

单位:100m³ 自然方

项　　　目	单位	土类级别		
		Ⅰ~Ⅱ	Ⅲ	Ⅳ
人　　　工	工时	117.6	205.0	292.2
零星材料费	%	3	3	3
定　额　编　号		01006	01007	01008

一-3 人工挖沟槽

工作内容:挖槽,抛土并倒运到槽边两侧 0.5m 以外,修整底、边。

(1) Ⅰ~Ⅱ类土

单位:$100m^3$ 自然方

项目	单位	上口宽 (m)								
		≤1.0	1~2				2~4			
		深度 (m)								
		≤1.0	≤1.0	1~1.5	1.5~2	2~3	≤1.5	1.5~2	2~3	3~4
人工	工时	128.0	104.2	114.8	121.6	141.8	107.0	113.2	130.9	162.1
零星材料费	%	3	3	3	3	3	3	3	3	3
定额编号		01009	01010	01011	01012	01013	01014	01015	01016	01017

注:1.不需要修边的沟槽,定额乘以 0.9 系数。

2.沟槽上口宽大于 4m,按一般土方挖土定额计。

工作内容:挖槽,抛土并倒运到槽边两侧 0.5m 以外,修整底、边。

(2) Ⅲ类土

单位:100m³ 自然方

项目	单位	上口宽(m)								
		≤1.0	1~2				2~4			
		深度(m)								
		≤1.0	≤1.0	1~1.5	1.5~2	2~3	≤1.5	1.5~2	2~3	3~4
人工	工时	264.0	213.0	226.2	235.8	271.0	213.8	231.4	252.6	297.4
零星材料费	%	3	3	3	3	3	3	3	3	3
定额编号		01018	01019	01020	01021	01022	01023	01024	01025	01026

注:1.不需要修边的沟槽,定额乘以 0.9 系数。

2.沟槽上口宽大于 4m,按一般土方挖土定额计。

工作内容：挖槽，抛土并倒运到槽边两侧 0.5m 以外，修整底、边。

（3） Ⅳ类土

单位：100m³ 自然方

项目	单位	上口宽（m）								
		≤1.0	1~2				2~4			
		深度（m）								
		≤1.0	≤1.0	1~1.5	1.5~2	2~3	≤1.5	1.5~2	2~3	3~4
人工	工时	396.0	321.2	341.4	360.8	415.4	316.8	330.9	376.6	449.7
零星材料费	%	3	3	3	3	3	3	3	3	3
定额编号		01027	01028	01029	01030	01031	01032	01033	01034	01035

注：1.不需要修边的沟槽，定额乘以 0.9 系数。

2.沟槽上口宽大于 4m，按一般土方挖土定额计。

一-4　人工挖柱坑

工作内容:挖坑,抛土并倒运到坑边 0.5m 以外,修整底、边。

(1)　Ⅰ~Ⅱ类土

单位:100m³ 自然方

项　目	单位	上口面积 (m²)								
		≤2		2~10				10~20		
		深度 (m)								
		≤1	1~2.5	≤2	2~3	3~4	4~5	≤3	3~4	4~5
人　工	工时	145.1	163.5	138.0	148.2	171.0	205.6	143.0	163.4	197.0
零星材料费	%	2	2	2	2	2	2	2	2	2
定额编号		01036	01037	01038	01039	01040	01041	01042	01043	01044

注:1.上口面积超过 20m² 时,按一般土方计。

2.挖出的土方需倒运时,按倒运土定额另计。

工作内容:挖坑,抛土并倒运到坑边 0.5m 以外,修整底、边。

(2) Ⅲ类土

单位:100m³ 自然方

项目	单位	上口面积（m²）								
		≤2		2~10				10~20		
		深度（m）								
		≤1	1~2.5	≤2	2~3	3~4	4~5	≤3	3~4	4~5
人工	工时	293.0	324.7	277.6	299.6	341.0	382.8	281.6	315.0	367.0
零星材料费	%	2	2	2	2	2	2	2	2	2
定额编号		01045	01046	01047	01048	01049	01050	01051	01052	01053

注:1.上口面积超过 20m² 时,按一般土方计。

2.挖出的土方需倒运时,按倒运土定额另计。

工作内容：挖坑，抛土并倒运到坑边 0.5m 以外，修整底、边。

(3) Ⅳ类土

单位：100m³ 自然方

项目	单位	上口面积（m²）								
		≤2		2~10				10~20		
		深度（m）								
		≤1	1~2.5	≤2	2~3	3~4	4~5	≤3	3~4	4~5
人工	工时	440.0	486.6	415.8	449.7	511.7	574.6	421.5	471.7	550.9
零星材料费	%	2	2	2	2	2	2	2	2	2
定额编号		01054	01055	01056	01057	01058	01059	01060	01061	01062

注：1.上口面积超过 20m² 时，按一般土方计。

2.挖出的土方需倒运时，按倒运土定额另计。

一-5 人工挖平台

适用范围：台阶宽度小于 2m。

工作内容：划线、挖土，将土抛到填方处。

单位：100m²

项目	单位	Ⅰ～Ⅱ类土			Ⅲ类土			Ⅳ类土		
		地面坡度（°）								
		≤15	15～25	>25	≤15	15～25	>25	≤15	15～25	>25
人工	工时	8.7	17.5	26.2	16.5	32.9	49.4	24.6	49.1	73.7
零星材料费	%	10	10	10	10	10	10	10	10	10
定额编号		01063	01064	01065	01066	01067	01068	01069	01070	01071

一-6　人工挖淤泥流沙

适用范围：用泥兜、水桶挑抬运输。

工作内容：挖装、运卸、空回、洗刷工具。

单位：100m³ 自然方

项　　目	单位	挖装运卸 20m			每增运 10m
		淤泥	淤泥流沙	稀泥流沙	
人　　工	工时	345.0	435.6	573.8	29.8
零星材料费	%	2	2	2	
定　额　编　号		01072	01073	01074	01075

注：如有排水，需另行计算费用。

一-7 水力冲挖土方

适用范围：弃土开挖和干密度≤1.66g/cm^3 的壤土、亚粘土、黄土状重粘土。

工作内容：用水枪冲挖，人工或机械配合清除滞流。

单位：100m^3 自然方

项目	单位	冲自然土	冲松动爆破土	冲机械挖掘土
人工	工时	21.6	27.2	6.4
水枪 陕西20型	台时	8.3	5.5	4.7
离心水泵 多级100kW	台时	8.3	5.5	4.7
其他机械费	%	4	4	4
定额编号		01076	01077	01078

注：挖掘机械另计。

一-8　组合泵冲填土方

工作内容：高压水枪冲土，泥浆泵排泥，工作面转移等。

单位：10000m³ 自然方

项目		单位	排泥管线长度 (m)					每增运
			≤50	100	150	200	250	50m
人工		工时	163.3	199.6	236.0	272.3	308.6	96.0
水枪	Φ65mm	台时	326.6	399.3	471.9	544.6	617.3	21.8
高压水泵	15kW	台时	326.6	399.3	471.9	544.6	617.3	21.8
泥浆泵	15kW	台时	326.6	399.3	471.9	544.6	617.3	72.7
排泥管	Φ100mm	台时	163.3	399.3	471.9	544.6	617.3	72.7
其他机械费		%	3	3	3	3	3	3
定额编号			01079	01080	01081	01082	01083	01084

注：1.本定额适用于排高 5m，每增（减）1m，排泥管线长度相应增（减）25m。

2.排泥距离按实际岸管长度计算。

3.施工水源与施工作业面的距离为 50～100m。

4.冲挖盐碱土方，如盐碱土方较重时，泥浆泵及排泥管定额乘以 1.07 系数。

5.本定额按水力冲挖土类分级 Ⅰ 类土制定，不同土类乘以下表系数：

土类级别	Ⅰ	Ⅱ	Ⅲ	Ⅳ
系数	1	1.29	1.78	2.72

一-9 人工挖冻土

适用范围:挖土厚度小于0.8m。

工作内容:挖土、装土、修整边坡。

单位:100m³ 自然方

项目	单位	冻土厚度(m)		
		≤0.2	0.2~0.5	0.5~0.8
人工	工时	542.9	836.0	988.0
零星材料费	%	1	1	1
定额编号		01085	01086	01087

一-10 人工挖土

适用范围:一般土方开挖。

工作内容:挖松、就近堆放。

单位:100m³ 自然方

项目	单位	土类级别		
		Ⅰ~Ⅱ	Ⅲ	Ⅳ
人工	工时	40.0	94.1	157.1
零星材料费	%	7	7	7
定额编号		01088	01089	01090

一-11 土方松动爆破

工作内容:掏眼、装药、填塞、爆破,检查及安全处理。

单位:100m³ 自然方

项目	单位	土类级别	
		Ⅲ	Ⅳ
人工	工时	11.1	18.0
炸药	kg	8	10
火雷管	个	15	15
导火线	m	50	50
其他材料费	%	31	31
定额编号		01091	01092

一-12 人工夯实土方

适用范围:土料填筑。

工作内容:平土、刨毛、分层夯实和清理杂物等。

单位:100m³ 实方

项目	单位	夯实土方
人工	工时	326.0
零星材料费	%	3
定额编号		01093

注:定额不包括洒水工,需要洒水时,每 100m³ 实方增加 39.3 工时。

一-13 人工倒运土

(1) 人工挑抬倒运

适用范围:将挖翻之土倒运到指定地点。

工作内容:人工装挑抬运土。

单位:100m³ 自然方

项目	单位	倒运 10m			每增运 10m
		土类级别			
		Ⅰ~Ⅱ	Ⅲ	Ⅳ	Ⅰ~Ⅳ
人工	工时	124.6	145.2	161.9	18.9
零星材料费	%	5	5	5	
定额编号		01094	01095	01096	01097

(2) 人工装胶轮车倒运

适用范围:将挖翻之土倒运到指定地点。

工作内容:人工装胶轮车运、空回。

单位:100m³ 自然方

项目	单位	倒运 20m			每增运 20m
		土类级别			
		Ⅰ~Ⅱ	Ⅲ	Ⅳ	Ⅰ~Ⅳ
人工	工时	95.3	115.9	131.9	8.1
零星材料费	%	5	5	5	
胶轮架子车	台时	45.7	50.9	54.0	7.1
定额编号		01098	01099	01100	01101

一-14 人工挑抬运土

适用范围：一般土方挖运。

工作内容：挖土、装筐、运卸、空回。

单位：100m³ 自然方

项目	单位	挖装运 20m			每增运 10m
		土类级别			
		Ⅰ～Ⅱ	Ⅲ	Ⅳ	Ⅰ～Ⅳ
人工	工时	176.2	255.4	335.2	18.1
零星材料费	%	3	3	3	
定额编号		01102	01103	01104	01105

一-15 人工挖土、胶轮车运土

适用范围：一般土方挖运。

工作内容：挖土、装车、运卸、空回。

单位：100m³ 自然方

项目	单位	人工装胶轮车倒运 20m			每增运 20m
		土类级别			
		Ⅰ～Ⅱ	Ⅲ	Ⅳ	Ⅰ～Ⅳ
人工	工时	126.9	204.1	283.0	7.8
零星材料费	%	3	3	3	
胶轮架子车	台时	45.68	50.89	54.02	7.1
定额编号		01106	01107	01108	01109

一-16 人工装、手扶拖拉机运土

(1) Ⅰ~Ⅱ类土

工作内容:装、运、卸、空回。

单位:100m³ 自然方

项目	单位	运距 (m)					每增运100m
		100	200	300	400	500	
人工	工时	106.1	106.1	106.1	106.1	106.1	
零星材料费	%	2	2	2	2	2	
手扶拖拉机 11kW	台时	22.57	26.83	29.38	32.24	34.72	2.5
定额编号		01110	01111	01112	01113	01114	01115

(2) Ⅲ类土

工作内容:装、运、卸、空回。

单位:100m³ 自然方

项目	单位	运距（m）					每增运100m
		100	200	300	400	500	
人工	工时	119.0	119.0	119.0	119.0	119.0	
零星材料费	%	2	2	2	2	2	
手扶拖拉机 11kW	台时	25.46	30.01	32.73	35.78	38.42	2.7
定额编号		01116	01117	01118	01119	01120	01121

（3） Ⅳ类土

工作内容：装、运、卸、空回。

单位：100m³ 自然方

项目	单位	运距（m）					每增运100m
		100	200	300	400	500	
人工	工时	133.8	133.8	133.8	133.8	133.8	
零星材料费	%	2	2	2	2	2	
手扶拖拉机 11kW	台时	36.55	39.82	42.66	45.14	47.32	2.9
定额编号		01122	01123	01124	01125	01126	01127

一-17 人工装、机动翻斗车运土

(1) Ⅰ~Ⅱ类土

工作内容：装、运、卸、空回。

单位：100m^3 自然方

项目	单位	运距（m）					每增运100m
		100	200	300	400	500	
人工	工时	103.1	103.1	103.1	103.1	103.1	
零星材料费	%	2	2	2	2	2	
机动翻斗车 0.5m^3	台时	27.08	32.20	35.26	38.69	41.67	3.0
定额编号		01128	01129	01130	01131	01132	01133

(2) Ⅲ类土

工作内容:装、运、卸、空回。

单位:100m^3 自然方

项目	单位	运距(m)					每增运100m
		100	200	300	400	500	
人工	工时	115.7	115.7	115.7	115.7	115.7	
零星材料费	%	2	2	2	2	2	
机动翻斗车 0.5m^3	台时	30.56	36.01	39.27	42.94	46.11	3.2
定额编号		01134	01135	01136	01137	01138	01139

(3) Ⅳ类土

工作内容：装、运、卸、空回。

单位：$100m^3$ 自然方

项目	单位	运距（m）					每增运100m
		100	200	300	400	500	
人工	工时	130.1	130.1	130.1	130.1	130.1	
零星材料费	%	2	2	2	2	2	
机动翻斗车 $0.5m^3$	台时	43.86	47.79	51.19	54.17	56.79	3.4
定额编号		01140	01141	01142	01143	01144	01145

一-18 推土机平整场地、清理表层土

工作内容：推平。

单位：100m²

项目	单位	土类级别	
		Ⅰ~Ⅱ	Ⅲ~Ⅳ
人工	工时	0.7	0.7
零星材料费	%	17	17
推土机 74kW	台时	0.49	0.57
定额编号		01146	01147

一-19 推土机推土

(1) 74kW 推土机推土

工作内容：推松、运送、卸除、拖平、空回。

单位：100m³ 自然方

项目		单位	推土距离（m）							
			≤10	20	30	40	50	60	70	80
人工		工时	1.0	1.5	1.9	2.5	3.1	3.7	4.2	4.9
零星材料费		%	11	11	11	11	11	11	11	11
土类级别	Ⅰ～Ⅱ	台时	0.76	1.15	1.48	1.92	2.28	2.72	3.14	3.57
	Ⅲ～Ⅳ	台时	0.90	1.35	1.74	2.26	2.69	3.20	3.67	4.20
定额编号			01148	01149	01150	01151	01152	01153	01154	01155

（2） 103kW 推土机推土

工作内容：推松、运送、卸除、拖平、空回。

单位：100m³ 自然方

项目		单位	推土距离（m）							
			≤10	20	30	40	50	60	70	80
人工		工时	0.8	1.1	1.5	2.0	2.5	2.9	3.5	3.9
零星材料费		%	11	11	11	11	11	11	11	11
土类级别	Ⅰ～Ⅱ	台时	0.58	0.83	1.18	1.42	1.74	2.06	2.37	2.69
	Ⅲ～Ⅳ	台时	0.67	0.96	1.34	1.72	2.14	2.45	2.91	3.28
定额编号			01156	01157	01158	01159	01160	01161	01162	01163

(3) 118kW 推土机推土

工作内容：推松、运送、卸除、拖平、空回。

单位：$100m^3$ 自然方

项目		单位	推土距离 (m)							
			≤10	20	30	40	50	60	70	80
人工		工时	0.6	0.9	1.3	1.7	2.1	2.5	2.8	3.2
零星材料费		%	11	11	11	11	11	11	11	11
土类级别	Ⅰ~Ⅱ	台时	0.50	0.71	1.00	1.30	1.58	1.88	2.16	2.45
	Ⅲ~Ⅳ	台时	0.58	0.84	1.18	1.52	1.87	2.21	2.50	2.88
定额编号			01164	01165	01166	01167	01168	01169	01170	01171

(4) 132kW 推土机推土

工作内容：推松、运送、卸除、拖平、空回。

单位：100m³ 自然方

项目		单位	推土距离（m）							
			≤10	20	30	40	50	60	70	80
人工		工时	0.6	0.8	1.1	1.4	1.8	2.1	2.4	2.8
零星材料费		%	11	11	11	11	11	11	11	11
土类级别	Ⅰ～Ⅱ	台时	0.45	0.63	0.92	1.12	1.41	1.66	1.98	2.28
	Ⅲ～Ⅳ	台时	0.53	0.74	1.08	1.32	1.67	1.96	2.30	2.68
定额编号			01172	01173	01174	01175	01176	01177	01178	01179

一-20　铲运机铲运土

(1)　6~8m³ 拖式铲运机铲运土

工作内容：铲装、运送、卸除、空回、转向。土场道路平整、洒水、卸土、推平等。

单位：100m³ 自然方

项　　目	单位	铲运距离(≤100m)			每增运 50m		
		Ⅰ~Ⅱ	Ⅲ	Ⅳ	Ⅰ~Ⅱ	Ⅲ	Ⅳ
人　　工	工时	8.0	8.0	8.0			
零星材料费	%	13	13	13			
拖 拉 机　74kW	台时	1.58	2.04	2.34	0.42	0.43	0.45
铲 运 机	台时	1.58	2.04	2.34	0.42	0.43	0.45
推 土 机　59kW	台时	0.16	0.20	0.23	0.04	0.04	0.05
定 额 编 号		01180	01181	01182	01183	01184	01185

注：铲运机铲运冻土时，冻土部分另加 74kW 推土机挂松土器 0.28 台时/100m³。

(2) 9~12m³ 自行式铲运机铲运土

工作内容：铲装、运送、卸除、空回、转向。土场道路平整、洒水、卸土、推平等。

单位：100m³ 自然方

项目	单位	铲运距离(≤100m)			每增运 50m		
		Ⅰ~Ⅱ	Ⅲ	Ⅳ	Ⅰ~Ⅱ	Ⅲ	Ⅳ
人工	工时	8.0	8.0	8.0			
零星材料费	%	11	11	11			
铲运机	台时	1.06	1.39	1.61	0.16	0.17	0.18
推土机 59kW	台时	0.11	0.14	0.16	0.02	0.02	0.02
定额编号		01186	01187	01188	01189	01190	01191

注：铲运机铲运冻土时，冻土部分另加 74kW 推土机挂松土器 0.28 台时/100m³。

一-21 挖掘机挖土

适用范围：适用于正铲挖掘机挖自然方。

工作内容：挖松、堆放。

单位：100m³ 自然方

项目	单位	土类级别		
		Ⅰ~Ⅱ	Ⅲ	Ⅳ
人工	工时	4.8	4.8	5.6
零星材料费	%	23	23	23
挖掘机 0.5m³	台时	1.46	1.61	1.77
挖掘机 1.0m³	台时	0.89	0.99	1.07
挖掘机 2.0m³	台时	0.57	0.64	0.75
定额编号		01192	01193	01194

注：1.反铲挖掘机挖土，机械定额乘以1.24系数。

2.倒挖松料，机械定额乘以0.8系数。

一-22 挖掘机挖土自卸汽车运输

(1) 0.5m³ 挖掘机挖装自卸汽车运输

适用范围:挖掘机挖Ⅲ类土、露天作业。

工作内容:挖装、运输、自卸、空回。

单位:100m³ 自然方

项目	单位	运距(km)								每增运1km
		0.5	1	1.5	2	2.5	3	4	5	
人工	工时	8.3	8.3	8.3	8.3	8.3	8.3	8.3	8.3	
零星材料费	%	5	5	5	5	5	5	5	5	
挖掘机 0.5m³	台时	1.66	1.66	1.66	1.66	1.66	1.66	1.66	1.66	
推土机 59kW	台时	0.83	0.83	0.83	0.83	0.83	0.83	0.83	0.83	
自卸汽车 3.5t	台时	9.31	12.55	14.86	17.95	19.49	21.47	25.80	28.75	4.62
5t	台时	6.84	9.00	10.54	12.60	13.63	14.95	17.84	19.48	3.08
6.5t	台时	5.97	7.74	9.00	10.69	11.53	12.61	14.97	16.14	2.52
定额编号		01195	01196	01197	01198	01199	01200	01201	01202	01203

(2)　1.0m³ 挖掘机挖装自卸汽车运输

适用范围：挖掘机挖Ⅲ类土、露天作业。

工作内容：挖装、运输、自卸、空回。

单位：100m³ 自然方

项目	单位	运距（km）								每增运1km
		0.5	1	1.5	2	2.5	3	4	5	
人工	工时	5.4	5.4	5.4	5.4	5.4	5.4	5.4	5.4	
零星材料费	%	5	5	5	5	5	5	5	5	
挖掘机 1.0m³	台时	1.07	1.07	1.07	1.07	1.07	1.07	1.07	1.07	
推土机 59kW	台时	0.54	0.54	0.54	0.54	0.54	0.54	0.54	0.54	
自卸汽车 3.5t	台时	8.95	12.19	14.51	17.59	19.14	21.12	25.45	28.40	4.62
5t	台时	6.48	8.64	10.19	12.25	13.27	14.60	17.48	19.45	3.08
6.5t	台时	5.62	7.39	8.65	10.33	11.18	12.26	14.62	16.23	2.52
8t	台时	4.48	5.84	6.82	8.12	8.77	9.60	11.43	12.67	1.94
10t	台时	4.11	5.35	6.23	7.40	7.99	8.75	10.40	11.52	1.76
定额编号		01204	01205	01206	01207	01208	01209	01210	01211	01212

（3） 1.6m³ 挖掘机挖装自卸汽车运输

适用范围：挖掘机挖Ⅲ类土、露天作业。

工作内容：挖装、运输、自卸、空回。

单位：100m³ 自然方

项目	单位	运距（km）								每增运1km
		0.5	1	1.5	2	2.5	3	4	5	
人工	工时	4.1	4.1	4.1	4.1	4.1	4.1	4.1	4.1	
零星材料费	%	5	5	5	5	5	5	5	5	
挖掘机 1.6m³	台时	0.81	0.81	0.81	0.81	0.81	0.81	0.81	0.81	
推土机 59kW	台时	0.41	0.41	0.41	0.41	0.41	0.41	0.41	0.41	
自卸汽车 5t	台时	6.32	8.48	10.02	12.08	13.11	14.43	17.32	19.28	3.08
6.5t	台时	5.45	7.22	8.48	10.17	11.01	12.09	14.45	16.06	2.52
8t	台时	4.31	5.68	6.65	7.95	8.60	9.44	11.26	12.50	1.94
10t	台时	3.95	5.18	6.06	7.24	7.83	8.58	10.23	11.35	1.76
12t	台时	3.39	4.42	5.17	6.15	6.65	7.28	8.67	9.61	1.48
15t	台时	2.92	3.79	4.40	5.23	5.64	6.17	7.32	8.11	1.23
18t	台时	2.40	3.05	3.51	4.13	4.44	4.83	5.70	6.29	0.92
20t	台时	2.10	2.64	3.04	3.56	3.82	4.15	4.89	5.38	0.78
定额编号		01213	01214	01215	01216	01217	01218	01219	01220	01221

（4） 2.0m³ 挖掘机挖装自卸汽车运输

适用范围：挖掘机挖Ⅲ类土、露天作业。

工作内容：挖装、运输、自卸、空回。

单位：100m³ 自然方

项目	单位	运距（km）								每增运1km
		0.5	1	1.5	2	2.5	3	4	5	
人工	工时	3.8	3.8	3.8	3.8	3.8	3.8	3.8	3.8	
零星材料费	%	5	5	5	5	5	5	5	5	
挖掘机 2.0m³	台时	0.75	0.75	0.75	0.75	0.75	0.75	0.75	0.75	
推土机 59kW	台时	0.38	0.38	0.38	0.38	0.38	0.38	0.38	0.38	
自卸汽车 5t	台时	6.27	8.43	9.97	12.03	13.06	14.38	17.27	19.23	3.08
6.5t	台时	5.41	7.17	8.44	10.12	10.96	12.04	14.41	16.01	2.52
8t	台时	4.27	5.63	6.60	7.90	8.55	9.39	11.21	12.45	1.94
10t	台时	3.90	5.13	6.01	7.19	7.78	8.53	10.18	11.31	1.76
12t	台时	3.34	4.38	5.12	6.10	6.60	7.23	8.62	9.56	1.48
15t	台时	2.88	3.74	4.36	5.18	5.59	6.12	7.27	8.06	1.23
18t	台时	2.35	3.00	3.46	4.08	4.39	4.78	5.65	6.24	0.92
20t	台时	2.05	2.60	2.99	3.51	3.77	4.11	4.84	5.34	0.78
定额编号		01222	01223	01224	01225	01226	01227	01228	01229	01230

(5) 2.5m³ 挖掘机挖装自卸汽车运输

适用范围：挖掘机挖Ⅲ类土、露天作业。

工作内容：挖装、运输、自卸、空回。

单位：100m³ 自然方

项目	单位	运距（km）								每增运1km
		0.5	1	1.5	2	2.5	3	4	5	
人工	工时	3.3	3.3	3.3	3.3	3.3	3.3	3.3	3.3	
零星材料费	%	5	5	5	5	5	5	5	5	
挖掘机 2.5m³	台时	0.66	0.66	0.66	0.66	0.66	0.66	0.66	0.66	
推土机 74kW	台时	0.33	0.33	0.33	0.33	0.33	0.33	0.33	0.33	
自卸汽车 8t	台时	4.19	5.56	6.53	7.83	8.48	9.32	11.14	12.38	1.94
10t	台时	3.83	5.06	5.94	7.12	7.71	8.46	10.11	11.23	1.76
12t	台时	3.27	4.30	5.04	6.03	6.53	7.16	8.55	9.49	1.48
15t	台时	2.80	3.67	4.28	5.11	5.52	6.05	7.20	7.99	1.23
18t	台时	2.28	2.93	3.39	4.01	4.31	4.71	5.58	6.17	0.92
20t	台时	1.98	2.52	2.92	3.44	3.70	4.03	4.76	5.26	0.78
定额编号		01231	01232	01233	01234	01235	01236	01237	01238	01239

(6) 3.0m³ 挖掘机挖装自卸汽车运输

适用范围：挖掘机挖Ⅲ类土、露天作业。

工作内容：挖装、运输、自卸、空回。

单位：100m³ 自然方

项目	单位	运距（km）								每增运
		0.5	1	1.5	2	2.5	3	4	5	1km
人工	工时	2.9	2.9	2.9	2.9	2.9	2.9	2.9	2.9	
零星材料费	%	5	5	5	5	5	5	5	5	
挖掘机 3.0m³	台时	0.55	0.55	0.55	0.55	0.55	0.55	0.55	0.55	
推土机 74kW	台时	0.27	0.27	0.27	0.27	0.27	0.27	0.27	0.27	
自卸汽车 8t	台时	4.14	5.50	6.48	7.78	8.43	9.26	11.08	12.32	1.94
10t	台时	3.77	5.00	5.89	7.06	7.65	8.41	10.05	11.18	1.76
12t	台时	3.21	4.25	4.99	5.98	6.47	7.11	8.49	9.43	1.48
15t	台时	2.75	3.61	4.23	5.05	5.46	5.99	7.15	7.93	1.23
18t	台时	2.22	2.87	3.33	3.95	4.26	4.66	5.52	6.11	0.92
20t	台时	1.92	2.47	2.86	3.38	3.64	3.98	4.71	5.21	0.78
定额编号		01240	01241	01242	01243	01244	01245	01246	01247	01248

一-23 装载机装土自卸汽车运输

(1) 1.0m³ 装载机装土自卸汽车运输

工作内容:挖装、运输、自卸、空回。

单位:100m³ 自然方

项目		单位	运距 (km)								每增运
			0.5	1	1.5	2	2.5	3	4	5	1km
人工		工时	10.4	10.4	10.4	10.4	10.4	10.4	10.4	10.4	
零星材料费		%	4	4	4	4	4	4	4	4	
装载机	1.0m³	台时	2.08	2.08	2.08	2.08	2.08	2.08	2.08	2.08	
推土机	59kW	台时	0.83	0.83	0.83	0.83	0.83	0.83	0.83	0.83	
自卸汽车	3.5t	台时	9.48	12.72	15.04	18.12	19.67	21.65	25.98	28.93	4.62
	5t	台时	7.01	9.17	10.72	12.77	13.80	15.13	18.01	19.98	3.08
	6.5t	台时	6.15	7.92	9.18	10.86	11.70	12.79	15.15	16.76	2.52
	8t	台时	5.01	6.37	7.35	8.65	9.30	10.13	11.96	13.20	1.94
	10t	台时	4.64	5.88	6.76	7.93	8.52	9.28	10.93	12.05	1.76
定额编号			01249	01250	01251	01252	01253	01254	01255	01256	01257

（2） 1.5m³ 装载机装土自卸汽车运输

工作内容：挖装、运输、自卸、空回。

单位：100m³ 自然方

项目		单位	运距（km）								每增运1km
			0.5	1	1.5	2	2.5	3	4	5	
人工		工时	7.7	7.7	7.7	7.7	7.7	7.7	7.7	7.7	
零星材料费		%	4	4	4	4	4	4	4	4	
装载机	1.5m³	台时	1.54	1.54	1.54	1.54	1.54	1.54	1.54	1.54	
推土机	59kW	台时	0.62	0.62	0.62	0.62	0.62	0.62	0.62	0.62	
自卸汽车	5t	台时	6.68	8.84	10.39	12.45	13.47	14.80	17.68	19.65	3.08
	6.5t	台时	5.82	7.59	8.85	10.53	11.38	12.46	14.82	16.43	2.52
	8t	台时	4.68	6.04	7.02	8.32	8.97	9.80	11.63	12.87	1.94
	10t	台时	4.31	5.55	6.43	7.60	8.19	8.95	10.60	11.72	1.76
	12t	台时	3.75	4.79	5.53	6.52	7.01	7.65	9.03	9.98	1.48
	15t	台时	3.29	4.15	4.77	5.59	6.01	6.53	7.69	8.47	1.23
	18t	台时	2.76	3.41	3.88	4.49	4.80	5.20	6.06	6.65	0.92
	20t	台时	2.46	3.01	3.40	3.92	4.18	4.52	5.25	5.75	0.78
定额编号			01258	01259	01260	01261	01262	01263	01264	01265	01266

（3） 2.0m³ 装载机装土自卸汽车运输

工作内容：挖装、运输、自卸、空回。

单位：100m³ 自然方

项目		单位	运距（km）								每增运1km
			0.5	1	1.5	2	2.5	3	4	5	
人工		工时	6.3	6.3	6.3	6.3	6.3	6.3	6.3	6.3	
零星材料费		%	4	4	4	4	4	4	4	4	
装载机	2.0m³	台时	1.25	1.25	1.25	1.25	1.25	1.25	1.25	1.25	
推土机	59kW	台时	0.50	0.50	0.50	0.50	0.50	0.50	0.50	0.50	
自卸汽车	5t	台时	6.51	8.67	10.21	12.27	13.30	14.62	17.51	19.47	3.08
	6.5t	台时	5.64	7.41	8.68	10.36	11.20	12.28	14.64	16.25	2.52
	8t	台时	4.50	5.87	6.84	8.14	8.79	9.63	11.45	12.69	1.94
	10t	台时	4.14	5.37	6.25	7.43	8.02	8.77	10.42	11.54	1.76
	12t	台时	3.58	4.62	5.36	6.34	6.84	7.47	8.86	9.80	1.48
	15t	台时	3.11	3.98	4.60	5.42	5.83	6.36	7.51	8.30	1.23
	18t	台时	2.59	3.24	3.70	4.32	4.63	5.02	5.89	6.48	0.92
	20t	台时	2.29	2.84	3.23	3.75	4.01	4.34	5.08	5.57	0.78
定额编号			01267	01268	01269	01270	01271	01272	01273	01274	01275

（4） 3.0m³ 装载机装土自卸汽车运输

工作内容：挖装、运输、自卸、空回。

单位：100m³ 自然方

项目	单位	运距（km）								每增运1km
		0.5	1	1.5	2	2.5	3	4	5	
人工	工时	4.4	4.4	4.4	4.4	4.4	4.4	4.4	4.4	
零星材料费	%	4	4	4	4	4	4	4	4	
装载机 3.0m³	台时	0.87	0.87	0.87	0.87	0.87	0.87	0.87	0.87	
推土机 59kW	台时	0.35	0.35	0.35	0.35	0.35	0.35	0.35	0.35	
自卸汽车 8t	台时	4.30	5.67	6.64	7.94	8.59	9.43	11.25	12.49	1.94
10t	台时	3.94	5.17	6.05	7.23	7.82	8.57	10.22	11.34	1.76
12t	台时	3.38	4.41	5.15	6.14	6.64	7.27	8.66	9.60	1.48
15t	台时	2.91	3.78	4.39	5.22	5.63	6.16	7.31	8.10	1.23
18t	台时	2.39	3.04	3.50	4.12	4.42	4.82	5.69	6.28	0.92
20t	台时	2.09	2.63	3.03	3.55	3.81	4.14	4.87	5.37	0.78
定额编号		01276	01277	01278	01279	01280	01281	01282	01283	01284

一-24 土料翻晒

(1) 人工翻晒土料

适用范围:适用于土砂料含水量大,在料场需翻晒堆存。

工作内容:挖土、碎土、装运卸、摊开翻晒、拢堆、堆置土牛、加防雨盖等。

单位:100m³ 自然方

项目	单位	土料含水量(%)				砂
		20~25		25~30		
		土类级别				
		Ⅱ	Ⅲ	Ⅱ	Ⅲ	
人工	工时	745.3	885.0	851.2	992.8	465.3
零星材料费	%	1	1	1	1	1
定额编号		01285	01286	01287	01288	01289

(2) 机械翻晒

工作内容:犁土、耙碎、翻晒、拢堆集料。

单位:100m³ 自然方

项目	单位	三铧犁	五铧犁
人工	工时	36.8	36.8
零星材料费	%	1	1
铧犁	台时	1.09	0.57
拖拉机 59kW	台时	1.09	0.57
缺口耙	台时	2.17	1.14
拖拉机 44kW	台时	2.17	1.14
推土机 59kW	台时	2.17	1.14
定额编号		01290	01291

一-25 河道堤坝填筑

适用范围:河道堤(坝)填筑。

工作内容:机械碾压、人工平土、刨毛、洒水及各项辅助工作。

单位:100m³ 实方

项目	单位	羊脚碾碾压	拖拉机碾压
人工	工时	122.3	122.3
拖拉机 55kW	台时	1.26	1.69
羊脚碾 5~7t	台时	1.26	
其他机械费	%	10	10
定额编号		01292	01293

一-26 蛙夯夯实

工作内容:人工平土、刨毛、洒水、蛙夯夯实。

单位:100m³ 实方

项目	单位	土类级别		
		Ⅰ~Ⅱ	Ⅲ	Ⅳ
人工	工时	80.0	87.9	95.8
零星材料费	%	9	9	9
蛙式打夯机	台时	20.00	21.98	23.95
定额编号		01294	01295	01296

一-27 打夯机夯实

适用范围：挖掘机改装打夯机夯实坝体土料、心（斜）墙土料、砂石料、反滤料。

工作内容：推平、刨毛、压实、削坡、洒水、蛙夯补边夯、辅助工作等。

单位：100m³ 实方

项目	单位	坝体土料		心墙土料		砂石料	反滤料
		干容重（kN/m³）		墙宽（m）			
		≤16.67	>16.67	≤10	>10		
人工	工时	25.0	30.0	30.2	30.2	23.3	23.3
零星材料费	%	11	11	11	11	11	11
打夯机 0.5m³	台时	1.67	1.79	2.07	1.74	0.58	0.86
1.0m³	台时	1.47	1.57	1.82	1.53	0.50	0.75
推土机 74kW	台时	0.73	0.73	0.73	0.73	0.73	0.73
蛙式打夯机	台时	1.10	1.10	1.10	1.10	1.10	1.10
刨毛机	台时	0.73	0.73	0.73	0.73		
定额编号		01297	01298	01299	01300	01301	01302

一-28 拖拉机压实

适用范围:拖拉机履带碾碾压坝体土料、砂石料、反滤料。

工作内容:推平、刨毛、压实、削坡、洒水、蛙夯补边夯、辅助工作等。

单位:100m³ 实方

项目	单位	土料干容重(kN/m³)		砂石料	反滤料
		≤16.67	>16.67		
人工	工时	25.0	30.0	23.3	23.3
零星材料费	%	11	11	11	11
拖拉机 74kW	台时	1.98	2.55	0.90	1.09
推土机 74kW	台时	0.73	0.73	0.73	0.73
蛙式打夯机	台时	1.10	1.10	1.10	1.10
刨毛机	台时	0.73	0.73		
定额编号		01303	01304	01305	01306

一-29 羊脚碾压实

适用范围:拖拉机牵引羊脚碾压实坝体土料、心(斜)墙土料。

工作内容:推平、刨毛、压实、削坡、洒水、蛙夯补边夯、辅助工作等。

单位:100m³ 实方

项目		单位	坝体土料		心(斜)墙土料	
			干容重(kN/m³)		墙宽(m)	
			≤16.67	>16.67	≤10	>10
人工		工时	25.0	30.0	30.2	30.2
零星材料费		%	12	12	12	12
羊脚碾	5~7t	台时	1.71	2.32		
拖拉机	59kW	台时	1.71	2.32		
	8~12t	台时	1.25	1.69		
	74kW	台时	1.25	1.69		
	12~18t	台时			4.29	3.55
	74kW	台时			4.29	3.55
推土机	74kW	台时	0.73	0.73	0.73	0.73
蛙式打夯机		台时	1.10	1.10	1.10	1.10
刨毛机		台时	0.73	0.73	0.73	0.73
定额编号			01307	01308	01309	01310

一-30 轮胎碾压实

适用范围:拖拉机牵引轮胎碾压实坝体土料、心(斜)墙土料。

工作内容:推平、刨毛、压实、削坡、洒水、蛙夯补边夯、辅助工作等。

单位:100m³ 实方

项目	单位	坝体土料		心(斜)墙土料	
		干容重(kN/m³)		墙宽(m)	
		≤16.67	>16.67	≤10	>10
人工	工时	25.0	30.0	30.2	30.2
零星材料费	%	16	16	16	16
轮胎碾 9~16t	台时	1.15	1.39	2.90	2.32
拖拉机 74kW	台时	1.15	1.39	2.90	2.32
推土机 74kW	台时	0.73	0.73	0.73	0.73
蛙式打夯机	台时	1.10	1.10	1.10	1.10
刨毛机	台时	0.73	0.73	0.73	0.73
定额编号		01311	01312	01313	01314

一-31 振动碾压实

适用范围:拖式振动碾碾压砂石料、堆石料、反滤料、坝体土料、心墙土料。

工作内容:推平、刨毛、压实、削坡、洒水、蛙夯补边夯、辅助工作等。

单位:100m³ 实方

项目	单位	砂石料	堆石料	反滤料	坝体土料 干容重(kN/m³) ≤16.67	坝体土料 干容重(kN/m³) >16.67	心(斜)墙土料 墙宽(m) ≤10	心(斜)墙土料 墙宽(m) >10
人工	工时	23.3	23.3	23.3	25.0	30.0	30.2	30.2
零星材料费	%	23	23	23	23	23	23	23
振动碾 13~14t	台时	0.25	0.25	0.32	1.15	1.39	2.90	2.32
拖拉机 74kW	台时	0.25	0.25	0.32	1.15	1.39	2.90	2.32
推土机 74kW	台时	0.73	0.73	0.73	0.73	0.73	0.73	0.73
蛙式打夯机	台时	1.10	1.10	1.10	1.10	1.10	1.10	1.10
刨毛机	台时				0.73	0.73	0.73	0.73
定额编号		01315	01316	01317	01318	01319	01320	01321

一-32 水力冲填淤地坝

适用范围:砂壤土、轻粉质壤土、中粉质壤土、重粉质壤土。

工作内容:筑边埂、水力冲填土方、排水、清基、挖造泥沟、输泥渠、削坡、清坝肩及结合槽土方等。

单位:100m^3 实方

项　　目	单位	冲原状土	冲松动土
人　　工	工时	59.0	48.4
零星材料费	%	7	7
推　土　机　55kW	台时	2.43	2.43
拖　拉　机　55kW	台时	0.53	0.53
水　　枪　陕西20型	台时	3.9	2.33
离心水泵　多级40kW	台时	3.9	2.33
定　额　编　号		01322	01323

第二章

石 方 工 程

说　明

一、本章包括一般石方、坡面石方、基础石方、沟槽石方和坑石方开挖及石渣运输等定额共 14 节、116 个子目,适用于水土保持工程措施石方工程。

二、本章定额计量单位,除注明外,均按自然方计。

三、本章石方开挖定额,均已按各部位的不同要求,分别考虑了保护层开挖等措施。

四、一般石方开挖定额,适用于除坡面、基础、沟槽、坑以外的石方开挖工程。

五、坡面石方开挖定额,适用于设计开挖面倾角大于 20°、厚度 5m(垂直于设计面的平均厚度)以内的石方开挖工程。

六、基础石方开挖定额,综合了坡面及底部石方开挖,适用于不同开挖深度的基础石方开挖工程。

七、沟槽石方开挖定额,适用于底宽 7m 以内、两侧垂直或有边坡的长条形石方开挖工程。如渠道、排水沟等。

八、坑石方开挖定额,适用于上口面积 $160m^2$ 以下、深度小于上口短边长度或直径的工程。如集水坑、墩基、柱基等。

九、石方开挖各节定额所列“合金钻头”,系指风钻所用的钻头。

十、炸药的代表型号:

一般石方开挖:2 号岩石铵锑炸药。

坡面、基础、沟槽、坑石方开挖:2 号岩石铵锑炸药和 4 号抗水岩石铵锑炸药各半计算。

十一、岩石级别划分按十六类分级。如工程实际开挖中遇到XⅣ级以上的岩石,按各节XⅢ~XⅣ级岩石开挖定额乘以下列系数进行调整:人工乘以 1.3;材料乘以 1.1;机械乘以 1.4。

二-1 一般石方开挖(风钻钻孔)

工作内容:钻孔、爆破、撬移、解小、翻渣、清面。

单位:100m³

项目		单位	岩石级别			
			Ⅴ~Ⅷ	Ⅸ~Ⅹ	Ⅺ~Ⅻ	ⅩⅢ~ⅩⅣ
人工		工时	73.4	94.0	119.0	158.7
合金钻头		个	1.02	1.74	2.55	3.66
炸药		kg	25.78	34.17	40.75	47.28
雷管		个	23.54	31.25	37.31	43.32
导线	火线	m	63.80	84.58	100.90	117.09
	电线	m	116.40	154.29	184.03	213.55
其他材料费		%	18	18	18	18
风钻	手持式	台时	4.92	8.94	14.77	25.03
其他机械费		%	10	10	10	10
石渣运输		m^3	104	104	104	104
定额编号			02001	02002	02003	02004

二-2　一般石方开挖(潜孔钻钻孔)

适用范围:潜孔钻钻孔,风钻配合。

工作内容:钻孔、爆破、撬移、解小、翻渣、清面。

单位:100m³

项　　目	单位	岩石级别			
		Ⅴ~Ⅷ	Ⅸ~Ⅹ	Ⅺ~Ⅻ	ⅩⅢ~ⅩⅣ
人　　工	工时	53.0	64.3	75.2	88.5
合金钻头	个	0.11	0.19	0.26	0.36
钻　　头　80型	个	0.29	0.45	0.63	0.88
冲击器	套	0.03	0.04	0.06	0.09
炸　　药	kg	45.88	53.16	59.80	67.21
火雷管	个	12.49	15.33	17.60	19.87
电雷管	个	11.54	13.40	15.16	17.18
导火线	m	26.23	32.20	36.97	41.74
导电线	m	71.77	81.49	90.58	100.91
其他材料费	%	22	22	22	22
风　　钻　手持式	台时	1.70	2.55	3.23	3.92
潜孔钻　80型	台时	4.81	6.92	9.55	13.37
其他机械费	%	10	10	10	10
石渣运输	m³	104	104	104	104
定额编号		02005	02006	02007	02008

二-3 坡面石方开挖

适用范围：设计开挖面倾角20°~40°，垂直于设计面厚度5m以内。

工作内容：钻孔、爆破、撬移、解小、翻渣、清面、修整断面等。

单位：100m^3

项目		单位	岩石级别			
			Ⅴ~Ⅷ	Ⅸ~Ⅹ	Ⅺ~Ⅻ	XⅢ~XⅣ
人工		工时	167.7	201.6	239.4	295.1
合金钻头		个	1.26	2.13	3.11	4.42
炸药		kg	28.26	37.25	44.30	51.28
雷管		个	55.59	71.15	83.19	95.05
导线	火线	m	107.54	138.88	163.22	187.27
	电线	m	104.76	138.86	165.63	192.19
其他材料费		%	18	18	18	18
风钻	手持式	台时	6.63	11.54	18.51	30.58
其他机械费		%	10	10	10	10
石渣运输		m^3	108	108	108	108
定额编号			02009	02010	02011	02012

二-4 基础石方开挖

适用范围：不同开挖深度的基础石方开挖。

工作内容：钻孔、爆破、撬移、解小、翻渣、清面、修整断面等。

单位：100m³

项目	单位	岩石级别			
		Ⅴ～Ⅷ	Ⅸ～Ⅹ	Ⅺ～Ⅻ	ⅩⅢ～ⅩⅣ
人工	工时	207.0	260.3	320.9	410.3
合金钻头	个	2.42	3.55	5.05	6.64
炸药	kg	40.00	48.00	58.00	65.00
火雷管	个	169.00	196.00	227.00	254.00
导火线	m	273.00	320.00	370.00	405.00
其他材料费	%	9	9	9	9
风钻 手持式	台时	9.26	15.96	25.48	41.94
其他机械费	%	10	10	10	10
石渣运输	m³	105	105	105	105
定额编号		02013	02014	02015	02016

二-5 沟槽石方开挖

工作内容：钻孔、爆破、撬移、解小、翻渣、清面、修整断面等。

(1) 底宽≤1m

单位：100m³

项目	单位	岩石级别			
		Ⅴ~Ⅷ	Ⅸ~Ⅹ	Ⅺ~Ⅻ	ⅩⅢ~ⅩⅣ
人工	工时	831.1	1121.8	1452.8	1929.4
合金钻头	个	10.53	17.12	24.38	33.96
炸药	kg	163.99	207.85	239.86	270.68
火雷管	个	711.73	902.14	1041.05	1174.84
导火线	m	1016.75	1288.77	1487.22	1678.34
其他材料费	%	3	3	3	3
风钻 手持式	台时	44.90	74.64	115.25	184.29
其他机械费	%	10	10	10	10
石渣运输	m^3	113	113	113	113
定额编号		02017	02018	02019	02020

（2） 底宽1~2m

单位:100m³

项　　目		单位	岩石级别			
			Ⅴ~Ⅷ	Ⅸ~Ⅹ	Ⅺ~Ⅻ	ⅩⅢ~ⅩⅣ
人　　工		工时	483.2	642.3	823.1	1083.3
合金钻头		个	5.35	8.69	12.38	17.25
炸　　药		kg	104.09	131.90	152.25	171.89
雷　　管		个	262.87	333.08	384.48	434.06
导　　线	火线	m	400.57	507.55	585.87	661.42
	电线	m	300.42	380.67	439.41	496.07
其他材料费		%	5	5	5	5
风　　钻	手持式	台时	25.12	42.02	65.23	104.82
其他机械费		%	10	10	10	10
石渣运输		m³	110	110	110	110
定额编号			02021	02022	02023	02024

(3) 底宽 2~4m

单位:100m³

项　目		单位	岩石级别			
			Ⅴ~Ⅷ	Ⅸ~Ⅹ	Ⅺ~Ⅻ	ⅩⅢ~ⅩⅣ
人　工		工时	266.1	350.1	445.5	583.6
合金钻头		个	2.77	4.57	6.58	9.26
炸　药		kg	64.63	83.28	97.16	110.64
雷　管		个	96.52	124.37	145.10	165.23
导　线	火线	m	188.44	242.81	283.28	322.61
	电线	m	237.16	305.59	356.52	406.01
其他材料费		%	7	7	7	7
风　钻	手持式	台时	13.60	23.12	36.27	58.79
其他机械费		%	10	10	10	10
石渣运输		m³	106	106	106	106
定额编号			02025	02026	02027	02028

(4) 底宽4~7m

单位:100m³

项目		单位	岩石级别			
			Ⅴ~Ⅷ	Ⅸ~Ⅹ	Ⅺ~Ⅻ	ⅩⅢ~ⅩⅣ
人工		工时	201.1	257.3	321.3	414.3
合金钻头		个	1.84	3.03	4.35	6.10
炸药		kg	46.62	59.77	69.55	79.02
雷管		个	45.28	58.05	67.54	76.76
导线	火线	m	116.43	149.28	173.68	197.37
	电线	m	182.40	233.87	272.10	309.21
其他材料费		%	10	10	10	10
风钻	手持式	台时	10.22	17.45	27.50	44.76
其他机械费		%	10	10	10	10
石渣运输		m^3	105	105	105	105
定额编号			02029	02030	02031	02032

二-6 坑石方开挖

工作内容：钻孔、爆破、撬移、解小、翻渣、清面、修整断面等。

(1) 坑口面积≤2.5m²

单位：100m³

项目	单位	岩石级别			
		Ⅴ~Ⅷ	Ⅸ~Ⅹ	Ⅺ~Ⅻ	ⅩⅢ~ⅩⅣ
人工	工时	1253.7	1730.5	2236.3	2936.3
合金钻头	个	11.85	20.20	28.37	38.45
炸药	kg	298.38	398.56	453.63	498.19
火雷管	个	708.39	946.25	1077.01	1182.80
导火线	m	1012.00	1351.78	1538.58	1689.72
其他材料费	%	2	2	2	2
风钻 手持式	台时	50.53	88.07	134.07	208.58
其他机械费	%	10	10	10	10
石渣运输	m³	121	121	121	121
定额编号		02033	02034	02035	02036

(2) 坑口面积2.5~5m²

单位:100m³

项目	单位	岩石级别			
		Ⅴ~Ⅷ	Ⅸ~Ⅹ	Ⅺ~Ⅻ	ⅩⅢ~ⅩⅣ
人工	工时	968.1	1322.7	1701.4	2229.3
合金钻头	个	8.79	14.96	20.99	28.43
炸药	kg	221.43	295.16	335.60	368.32
火雷管	个	394.27	525.56	597.59	655.83
导火线	m	638.35	850.90	967.52	1061.82
其他材料费	%	3	3	3	3
风钻 手持式	台时	39.44	69.05	105.54	164.79
其他机械费	%	10	10	10	10
石渣运输	m^3	116	116	116	116
定额编号		02037	02038	02039	02040

(3) 坑口面积5~10m²

单位:100m³

项目		单位	岩石级别			
			V~Ⅷ	Ⅸ~Ⅹ	Ⅺ~Ⅻ	ⅩⅢ~ⅩⅣ
人工		工时	634.7	852.6	1085.0	1408.1
合金钻头		个	6.55	11.13	15.61	21.14
炸药		kg	164.98	219.69	249.67	273.92
雷管		个	235.00	312.94	355.66	390.19
导线	火线	m	447.63	596.08	677.44	743.22
	电线	m	519.25	691.45	785.84	862.13
其他材料费		%	4	4	4	4
风钻	手持式	台时	29.38	51.39	78.51	122.56
其他机械费		%	10	10	10	10
石渣运输		m³	109	109	109	109
定额编号			02041	02042	02043	02044

(4) 坑口面积10～20m²

单位:100m³

项目	单位	岩石级别			
		Ⅴ～Ⅷ	Ⅸ～Ⅹ	Ⅺ～Ⅻ	ⅩⅢ～ⅩⅣ
人工	工时	386.9	528.0	683.9	905.2
合金钻头	个	4.33	7.30	10.40	14.38
炸药	kg	109.16	144.07	166.30	186.20
雷管	个	167.21	220.99	254.13	283.20
导线 火线	m	301.77	398.41	459.45	512.74
电线	m	313.47	413.11	478.83	538.77
其他材料费	%	5	5	5	5
风钻 手持式	台时	19.41	33.71	52.31	83.35
其他机械费	%	10	10	10	10
石渣运输	m³	105	105	105	105
定额编号		02045	02046	02047	02048

（5） 坑口面积 20~40m²

单位：100m³

项　　目		单位	岩石级别			
			Ⅴ~Ⅷ	Ⅸ~Ⅹ	Ⅺ~Ⅻ	ⅩⅢ~ⅩⅣ
人　　工		工时	287.4	394.8	516.7	693.3
合金钻头		个	3.35	5.67	8.14	11.38
炸　　药		kg	80.59	106.40	123.92	140.16
雷　　管		个	110.98	146.70	169.99	191.10
导　　线	火线	m	224.97	297.07	345.80	390.84
	电线	m	274.26	361.68	423.48	481.95
其他材料费		%	6	6	6	6
风　　钻	手持式	台时	15.79	27.59	43.49	70.44
其他机械费		%	10	10	10	10
石渣运输		m³	104	104	104	104
定额编号			02049	02050	02051	02052

(6) 坑口面积40~80m²

单位:100m³

项　　目		单位	岩石级别			
			Ⅴ~Ⅷ	Ⅸ~Ⅹ	Ⅺ~Ⅻ	ⅩⅢ~ⅩⅣ
人　　工		工时	239.1	326.6	426.5	572.9
合金钻头		个	2.97	5.03	7.26	10.18
炸　　药		kg	71.16	94.33	110.24	125.09
雷　　管		个	81.10	107.52	125.11	141.23
导　　线	火线	m	190.91	253.05	295.69	335.44
	电线	m	272.31	360.86	423.10	481.81
其他材料费		%	7	7	7	7
风　　钻	手持式	台时	14.00	24.57	38.87	63.18
其他机械费		%	10	10	10	10
石渣运输		m³	103	103	103	103
定额编号			02053	02054	02055	02056

(7) 坑口面积80~160m²

单位:100m³

项目		单位	岩石级别			
			Ⅴ~Ⅷ	Ⅸ~Ⅹ	Ⅺ~Ⅻ	ⅩⅢ~ⅩⅣ
人工		工时	184.0	251.7	330.3	447.6
合金钻头		个	2.42	4.09	5.94	8.38
炸药		kg	57.33	75.80	89.14	101.90
雷管		个	56.38	74.58	87.32	99.30
导线	火线	m	151.08	199.75	234.84	268.37
	电线	m	233.06	308.04	363.09	416.12
其他材料费		%	8	8	8	8
风钻	手持式	台时	11.55	20.27	32.27	52.85
其他机械费		%	10	10	10	10
石渣运输		m³	103	103	103	103
定额编号			02057	02058	02059	02060

二-7 人工装运石渣

适用范围：露天作业。

工作内容：撬移、解小、清渣、装筐、运输、卸除、空回、平场。

单位：100m³

项目	单位	装运卸 50m	每增运 10m
人工	工时	413.7	39.1
零星材料费	%	6	
定额编号		02061	02062

二-8 人工装石渣胶轮车运输

适用范围：露天作业。

工作内容：撬移、解小、清渣、装车、运输、卸除、空回、平场。

单位：100m³

项目	单位	运距（m）				每增运 50m
		50	100	150	200	
人工	工时	343.1	382.9	420.9	458.1	34.4
零星材料费	%	2	2	2	2	
胶轮架子车	台时	93.83	133.56	171.57	208.74	34.44
定额编号		02063	02064	02065	02066	02067

二-9　人工装石渣机动翻斗车运输

适用范围：露天作业。

工作内容：撬移、解小、扒渣、装车、运输、卸除、空回、平场。

单位：100m³

项　　　目	单位	运　距（m）					每增运100m
		100	200	300	400	500	
人　　工	工时	220.0	220.0	220.0	220.0	220.0	
零星材料费	%	2	2	2	2	2	
机动翻斗车　0.5m³	台时	70.15	74.78	79.04	83.06	86.91	3.54
定　额　编　号		02068	02069	02070	02071	02072	02073

二-10　人工装石渣手扶拖拉机运输

适用范围：露天作业。

工作内容：撬移、解小、扒渣、装车、运输、卸除、空回、平场。

单位：100m³

项　　　目	单位	运　距（m）			每增运100m
		300	400	500	
人　　工	工时	300.3	300.3	300.3	
零星材料费	%	1	1	1	
手扶拖拉机　11kW	台时	101.77	107.39	112.84	3.15
定　额　编　号		02074	02075	02076	02077

二-11 人工装石渣拖拉机运输

适用范围：露天作业。

工作内容：撬移、解小、扒渣、装车、运输、卸除、空回、平场。

单位：100m³

项目	单位	运距（km）					
		1	1.5	2	3	4	5
人工	工时	358.6	358.6	358.6	358.6	358.6	358.6
零星材料费	%	1	1	1	1	1	1
拖拉机 20kW	台时	84.53	92.31	99.68	110.27	123.55	136.19
26kW	台时	65.29	70.55	75.47	82.60	91.32	99.74
37kW	台时	53.53	57.45	61.19	66.40	73.07	79.33
定额编号		02078	02079	02080	02081	02082	02083

二-12 推土机推运石渣

适用范围:露天作业。

工作内容:推运、堆集、空回、平场。

单位:100m³

项目	单位	推运距离(m)								
		≤20	30	40	50	60	70	80	90	100
人工	工时	8.4	8.4	8.4	8.4	8.4	8.4	8.4	8.4	8.4
零星材料费	%	8	8	8	8	8	8	8	8	8
推土机 88kW	台时	2.78	3.43	4.07	4.65	5.22	5.85	6.49	7.20	7.91
103kW	台时	2.48	3.07	3.65	4.22	4.79	5.37	5.94	6.60	7.26
118kW	台时	2.37	2.95	3.53	4.12	4.70	5.29	5.88	6.50	7.13
132kW	台时	2.17	2.71	3.24	3.80	4.35	4.88	5.42	6.02	6.63
162kW	台时	1.97	2.47	2.96	3.48	3.99	4.48	4.98	5.53	6.09
235kW	台时	1.29	1.58	1.86	2.16	2.46	2.76	3.07	3.40	3.74
301kW	台时	0.81	0.99	1.18	1.36	1.54	1.73	1.92	2.14	2.35
定额编号		02084	02085	02086	02087	02088	02089	02090	02091	02092

二-13 挖掘机装石渣自卸汽车运输

适用范围：露天作业。

工作内容：挖装、运输、卸除、空回。

(1) $1m^3$ 挖掘机装石渣

单位：$100m^3$

项目	单位	运距（km）					每增运1km
		1	2	3	4	5	
人工	工时	19.1	19.1	19.1	19.1	19.1	
零星材料费	%	2	2	2	2	2	
挖掘机 $1m^3$	台时	2.88	2.88	2.88	2.88	2.88	
推土机 88kW	台时	1.44	1.44	1.44	1.44	1.44	
自卸汽车 5t	台时	16.82	21.65	26.10	30.29	34.30	3.71
8t	台时	11.41	14.43	17.20	19.80	22.30	2.31
定额编号		02093	02094	02095	02096	02097	02098

(2) $2m^3$ 挖掘机装石渣

单位：$100m^3$

项目	单位	运距（km）					每增运1km
		1	2	3	4	5	
人工	工时	10.4	10.4	10.4	10.4	10.4	
零星材料费	%	2	2	2	2	2	
挖掘机 $2m^3$	台时	1.56	1.56	1.56	1.56	1.56	
推土机 88kW	台时	0.79	0.79	0.79	0.79	0.79	
自卸汽车 8t	台时	10.12	13.13	15.90	18.51	21.01	2.31
10t	台时	9.10	11.52	13.73	15.82	17.82	1.85
12t	台时	7.93	9.94	11.79	13.53	15.19	1.54
15t	台时	6.62	8.23	9.70	11.10	12.43	1.23
定额编号		02099	02100	02101	02102	02103	02104

二-14　装载机装石渣自卸汽车运输

适用范围:露天作业。

工作内容:挖装、运输、卸除、空回。

(1)　$1m^3$ 装载机装石渣

单位:$100m^3$

项　目	单位	运　距　(km)					每增运1km
		1	2	3	4	5	
人　工	工时	18.7	18.7	18.7	18.7	18.7	
零星材料费	%	2	2	2	2	2	
装载机　$1m^3$	台时	3.52	3.52	3.52	3.52	3.52	
推土机　88kW	台时	1.76	1.76	1.76	1.76	1.76	
自卸汽车　5t	台时	16.50	21.24	25.61	29.72	33.65	3.64
8t	台时	11.20	14.15	16.87	19.43	21.88	2.27
定额编号		02105	02106	02107	02108	02109	02110

(2) $2m^3$装载机装石渣

单位：$100m^3$

项目	单位	运距（km）					每增运1km
		1	2	3	4	5	
人工	工时	10.2	10.2	10.2	10.2	10.2	
零星材料费	%	2	2	2	2	2	
装载机 $2m^3$	台时	2.00	2.00	2.00	2.00	2.00	
推土机 88kW	台时	1.01	1.01	1.01	1.01	1.01	
自卸汽车 8t	台时	9.93	12.88	15.59	18.16	20.61	2.27
10t	台时	8.93	11.30	13.47	15.52	17.48	1.81
12t	台时	7.78	9.75	11.57	13.28	14.90	1.51
15t	台时	6.49	8.08	9.52	10.89	12.20	1.21
定额编号		02111	02112	02113	02114	02115	02116

第三章

砌 石 工 程

说　明

一、本章包括砌筑、抛石、喷锚等定额共27节、100个子目，适用于水土保持工程措施的防护、挡土墙、坝等砌石工程。

二、本章定额计量单位：

1.砌筑按建筑实体方计算。

2.土工布、土工膜、塑料薄膜三节定额，仅指这些防渗（反滤）材料本身的铺设，不包括上面的保护（覆盖）层和下面的垫层砌筑。其定额计量单位是指设计有效防渗面积。

3.喷浆（混凝土）定额已包括了回弹及施工损耗量，定额计量单位以喷后的设计有效面积（体积）计算。

三、各节材料定额中砂石料计量单位：砂、碎石为堆方；片石、块石、卵石为码方；毛条石、料石为清料方。

四、本章定额不包括开采、运输。

五、本章定额石料规格及标准说明：

碎石：指经破碎、加工分级后，粒径大于5mm的石块。

卵石：指最小粒径大于20cm的天然河卵石。

块石：指厚度大于20cm，长、宽各为厚度的2~3倍，上下两面平行且大致平整，无尖角、薄边的石块。

片石：指厚度大于15cm，长、宽各为厚度的3倍以上，无一定规则形状的石块。

毛条石：指一般长度大于60cm的长条形四棱方正的石料。

料石：指毛条石经修边打荒加工，外露面方正，各相邻面正交，表面凸凹不超过10mm的石料。

六、锚杆定额中的锚杆长度是指嵌入岩石的设计有效长度。

按规定应留的外露部分及加工过程中的损耗,均已计入定额。定额中的锚杆附件包括垫板、三角铁和螺帽等。

三-1 铺筑垫层、反滤层

工作内容：摊铺、找平、压实、修坡。

单位：100m³ 实方

项　　目	单位	碎石垫层	反滤层
人　　工	工时	507.6	507.6
碎（卵）石	m^3	102.00	81.60
砂	m^3		20.40
其他材料费	%	1	1
定　额　编　号		03001	03002

三-2 铺土工布

适用范围：反滤层。

工作内容：场内运输、铺设、接缝（针缝）。

单位：100m²

项　　目	单位	数　　量
人　　工	工时	16.0
土　工　布	m^2	107.00
其他材料费	%	2
定　额　编　号		03003

三-3　铺土工膜

适用范围：防渗。

工作内容：场内运输、铺设、粘接、岸边及底部连接。

单位：100m²

项　　目	单位	数　　量
人　　工	工时	36.0
复合土工膜	m^2	106.00
工 程 胶	kg	2.00
其他材料费	%	4
定 额 编 号		03004

三-4　铺塑料薄膜

适用范围：防渗。

工作内容：场内运输、铺设、搭接。

单位：100m²

项　　目	单位	数　　量
人　　工	工时	10.0
塑 料 薄 膜	m^2	113.00
其他材料费	%	1
定 额 编 号		03005

三-5 砌　　砖

工作内容：拌浆、洒水、砌筑、勾缝。

单位：$100m^3$ 砌体方

项　　目	单位	基　础	墙　体
人　　工	工时	578.2	889.2
砖	千块	51.0	53.4
砂　　浆	m^3	26.0	25.0
其他材料费	%	0.5	0.5
砂浆搅拌机　$0.4m^3$	台时	4.68	4.50
胶轮架子车	台时	61.38	59.02
定　额　编　号		03006	03007

三-6 干砌卵石

适用范围:拦挡、防护、排水等工程。

工作内容:选石、砌筑、填缝、找平。

单位:100m³ 砌体方

项目	单位	护坡		护底	基础	挡土墙
		平面	曲面			
人工	工时	615.9	720.8	532.0	469.0	594.9
卵石	m^3	112.00	112.00	112.00	112.00	112.00
其他材料费	%	1	1	1	1	1
胶轮架子车	台时	77.87	77.87	77.87	77.87	77.87
定额编号		03008	03009	03010	03011	03012

三-7 干砌块(片)石

适用范围:拦挡、防护、排水等工程。

工作内容:选石、修石、砌筑、填缝、找平。

单位:100m^3 砌体方

项目	单位	护坡		护底	基础	挡土墙
		平面	曲面			
人工	工时	584.7	680.1	508.5	451.2	565.7
块(片)石	m^3	116.00	116.00	116.00	116.00	116.00
其他材料费	%	1	1	1	1	1
胶轮架子车	台时	80.61	80.61	80.61	80.61	80.61
定额编号		03013	03014	03015	03016	03017

三-8 浆砌卵石

工作内容：选石、冲洗、拌浆、砌筑、勾缝。

单位：100m³ 砌体方

项目	单位	护坡		护底	基础	挡土墙	桥墩、闸墩
		平面	曲面				
人工	工时	926.7	1064.7	816.0	726.4	894.3	979.5
卵石	m^3	105.00	105.00	105.00	105.00	105.00	105.00
砂浆	m^3	37.00	37.00	37.00	35.70	36.10	36.50
其他材料费	%	0.5	0.5	0.5	0.5	0.5	0.5
砂浆搅拌机 0.4m^3	台时	6.86	6.86	6.86	6.62	6.70	6.77
胶轮架子车	台时	165.61	165.61	165.61	162.36	163.36	164.37
定额编号		03018	03019	03020	03021	03022	03023

三-9 浆砌块(片)石

工作内容:选石、修石、冲洗、拌浆、砌筑、勾缝。

单位:100m³ 砌体方

项目	单位	护坡		护底	基础	挡土墙	桥墩、闸墩
		平面	曲面				
人工	工时	863.9	987.2	765.2	684.4	834.6	910.7
块(片)石	m^3	108.00	108.00	108.00	108.00	108.00	108.00
砂浆	m^3	35.30	35.30	35.30	34.00	34.40	34.80
其他材料费	%	0.5	0.5	0.5	0.5	0.5	0.5
砂浆搅拌机 0.4m^3	台时	6.54	6.54	6.54	6.30	6.38	6.45
胶轮架子车	台时	163.44	163.44	163.44	160.19	161.18	162.18
定额编号		03024	03025	03026	03027	03028	03029

三-10　干砌条料石

工作内容：选石、修石、砌筑、填缝。

单位：100m^3 砌体方

项　　目	单位	干砌毛条石	干砌料石
人　　工	工时	663.9	608.7
毛　条　石	m^3	95.79	
料　　石	m^3		94.76
其他材料费	%	1.4	1.5
定　额　编　号		03030	03031

三-11　浆砌条料石

工作内容：选石、修石、冲洗、拌浆、砌筑、勾缝。

单位：100m^3 砌体方

项　　目	单位	平面护坡	护底	基础	挡土墙	桥、闸墩	帽石	防浪墙
人　　工	工时	930.2	821.5	734.9	899.0	981.9	1287.7	1204.4
毛条石	m^3	86.70	86.70	86.70	86.70	36.70		
料　　石	m^3					50.00	86.70	86.70
砂　　浆	m^3	26.00	26.00	25.00	25.20	25.50	23.00	23.00
其他材料费	%	0.5	0.5	0.5	0.5	0.5	0.5	0.5
砂浆搅拌机　0.4m^3	台时	4.82	4.82	4.64	4.68	4.73	4.26	4.26
胶轮架子车	台时	165.54	165.54	163.04	163.54	164.30	158.03	158.03
定　额　编　号		03032	03033	03034	03035	03036	03037	03038

三-12 浆砌混凝土预制块

工作内容：冲洗、拌浆、砌筑、勾缝。

单位：100m^3 砌体方

项　　目	单位	护坡、护底	挡土墙、桥台、闸墩
人　　工	工时	678.6	668.5
混凝土预制块	m^3	92.00	92.00
砂　　浆	m^3	16.00	15.50
其他材料费	%	0.5	0.5
砂浆搅拌机　0.4m^3	台时	2.97	2.87
胶轮架子车	台时	125.11	123.87
定　额　编　号		03039	03040

三-13　砌石重力坝

工作内容：凿毛、冲洗、清理，选石、修石、洗石，砂浆（混凝土）拌制、砌筑、勾缝、养护。

（1）　垂直运输以卷扬机为主

单位：100m^3 砌体方

项目	单位	浆砌		混凝土砌	
		块石	条石	块石	条石
人工	工时	709.5	757.4	912.9	960.9
块石	m^3	108.00		88.00	
毛条石	m^3		87.00		58.00
砂浆	m^3	34.00	25.00		
混凝土	m^3			54.60	52.50
其他材料费	%	1	1	1	1
搅拌机 0.4m^3	台时	6.38	4.68	10.40	10.00
卷扬机 15t	台时	5.72	4.37	5.36	4.11
V型斗车 1.0m^3	台时	11.44	8.74	10.72	8.22
胶轮架子车	台时	164.40	164.61	201.52	202.44
定额编号		03041	03042	03043	03044

（2） 垂直运输以塔式起重机为主

单位：100m^3 砌体方

项目	单位	浆砌		混凝土砌	
		块石	条石	块石	条石
人工	工时	721.0	770.0	928.0	983.0
块石	m^3	108.00		88.00	
毛条石	m^3		87.00		58.00
砂浆	m^3	34.00	25.00		
混凝土	m^3			54.60	52.50
其他材料费	%	1	1	1	1
搅拌机 0.4m^3	台时	6.38	4.68	10.40	10.00
塔式起重机 6t	台时	8.48	6.64	8.48	6.58
混凝土吊罐 1.6m^3	台时	2.08	1.48	3.26	3.14
胶轮架子车	台时	164.40	164.61	201.52	202.44
定额编号		03045	03046	03047	03048

三-14 砌条石拱坝

工作内容：凿毛、冲洗、清理，选石、修石、洗石，砂浆(混凝土)拌制、砌筑、勾缝、养护。

(1) 垂直运输以卷扬机为主

单位：$100m^3$ 砌体方

项目	单位	浆砌	混凝土砌
人工	工时	834.9	1073.9
毛条石	m^3	87.00	58.00
砂浆	m^3	25.00	
混凝土	m^3		52.50
其他材料费	%	1	1
搅拌机 $0.4m^3$	台时	4.68	10.00
卷扬机 15t	台时	4.37	4.11
V型斗车 $1.0m^3$	台时	8.74	8.22
胶轮架子车	台时	164.61	202.44
定额编号		03049	03050

（2） 垂直运输以塔式起重机为主

单位：100m^3 砌体方

项目	单位	浆砌	混凝土砌
人工	工时	847.0	1091.0
毛条石	m^3	87.00	58.00
砂浆	m^3	25.00	
混凝土	m^3		52.50
其他材料费	%	1	1
搅拌机 0.4m^3	台时	4.68	10.00
塔式起重机 6t	台时	6.64	6.58
混凝土吊罐 1.6m^3	台时	1.48	3.14
胶轮架子车	台时	164.61	202.44
定额编号		03051	03052

三-15 编织袋土(石)填筑、拆除

工作内容:1.填筑:装土(石)、封包、堆筑。

2.拆除:拆除、清理。

单位:100m³ 堰体方

项目		单位	填筑	拆除
人工		工时	1162.0	168.0
袋装填料	粘土	m^3	118.00	
	砂砾石	m^3	106.00	
编织袋		个	3300.0	
其他材料费		%	1	3
定额编号			03053	03054

三-16 网笼坝

工作内容:编笼、安放、运石、装填、封口等。

单位:100m³ 成品方

项目	单位	数量
人工	工时	456.3
铅丝 8~12#	kg	466.00
块石	m^3	113.30
其他材料费	%	1
定额编号		03055

三-17 抛石护底护岸

适用范围：护底、护岸。

工作内容：石料运输、抛石、整平。

单位：100m³ 抛投方

项目	单位	运输方式			
		人工	胶轮架子车	木船	甲板驳
人　　工	工时	384.5	220.6	231.1	252.1
块　　石	m^3	103.00	103.00	103.00	103.00
其他材料费	%	1	1	2	2
胶轮架子车	台时		66.21		
木　　船　10~20t	台时			38.32	
甲　板　驳　100~200t	台时				5.57
其他机械费	%			2	2
定额编号		03056	03057	03058	03059

三-18 石 笼

适用范围:护坡、护岸。

工作内容:编笼(竹笼包括劈削竹篾)、安放、运石、装填、封口等。

单位:100m³ 成品方

项目	单位	钢筋笼	铅丝笼	竹笼
人工	工时	526.0	455.0	650.0
铅丝 8~12#	kg		397.00	
钢筋 Φ8~12mm	t	1.70		
竹子	t			2.50
块石	m³	113.00	113.00	113.00
其他材料费	%	3	1	1
电焊机 16~30kVA	台时	17.00		
切筋机 20kW	台时	0.60		
载重汽车 5t	台时	1.20		
其他机械费	%	10		
定额编号		03060	03061	03062

三-19 树枝石护岸

工作内容：材料加工、装船、运输抛投、联结树枝等。

项目	单位	沉树头石	沉树枝石	沉柳石枕		柳石护岸
				岸上抛枕（Φ100cm）	船上抛枕（Φ70cm）	
		沉放 1000 组		沉放 100 延长米		$10m^3$
人工	工时	212.8	260.8	104.8	92.0	16.0
树（头）枝	t	10.20	6.00	9.89	4.98	0.90
铅丝 8~16#	kg	137.00	95.00	39.20	33.10	4.30
木桩 Φ10cm×150cm	根			2.20		6.00
麻绳 Φ2.5cm×2000cm	kg			280.00		
块石	m^3	50.00	36.00	24.40	11.50	5.50
其他材料费	%	1	1	1	1	1
拖轮 88~132kW	台时	3.90	3.25			
木驳船 80t	台时		1.95			
木船 8~14t	台时				1.76	1.76
其他机械费	%	1	1		1	1
定额编号		03063	03064	03065	03066	03067

三-20　沉排护岸

工作内容：材料加工、扎排、滑排、运排、沉排定位及抛系压块和块石等。

单位：$1000m^2$

项　　目	单位	沉排垫褥		软体沉排	重型排
		轻型沉排尺寸(m)			沉排尺寸(m)
		30×50×0.6	10×10×0.5		60×90×1.05
人　　工	工时	1544.0	1200.0	4288.0	2051.2
树　　枝	t	68.00	53.70		95.50
芦　　柴	t				14.50
木　　梗	根	1000.00	1000.00		2000.00
铅　　丝　8~18#	kg	132.00	96.00	135.00	191.40
钢　　筋	kg			135.00	
聚丙烯布	kg			125.00	
聚氯乙烯绳	kg			140.00	
水　　泥	t			1.43	
砂　　子	m^3			2.53	
卵(碎)石	m^3			5.93	
块　　石	m^3	92.70	92.70	55.00	220.00
其他材料费	%	1	1	1	1
拖　　轮　74kW	台时			13.00	
拖　　轮　110kW	台时	1.95			3.25
拖　　轮　147kW	台时				1.30
其他机械费	%	1		1	1
定额编号		03068	03069	03070	03071

三-21　木桩填石护岸

工作内容：制桩、打桩、钉横木、填石。

单位：10m³ 木桩实体

项　　目	单位	数　量
人　　工	工时	494.7
原　　木	m^3	10.63
锯　　材	m^3	0.07
铁　　件	kg	2.60
铁　　钉	kg	20.1
片　　石	m^3	24.05
其他材料费	%	1
定 额 编 号		03072

三-22　砌体勾缝

适用范围：干砌石面。

工作内容：调制砂浆、清扫石面、勾缝、养护、场内材料运输。

单位：100m²

项　　目	单位	数　量
人　　工	工时	91.6
水泥砂浆	m^3	0.94
草　　袋	个	49.15
水	m^3	5.88
其他材料费	%	1
定 额 编 号		03073

三-23　灰浆抹面护坡

适用范围:护坡。

工作内容:清理、洒水润湿坡面,搭拆简易脚手架,人工配、拌、运混合灰浆,抹平、养护。

单位:100m² 抹面面积

项目	单位	灰浆材料及抹面厚度(cm)				
		石灰、煤渣	石灰、煤渣、粘土	石灰、煤渣、粘土、砂	水泥、石灰、砂	石灰、砂
		3	6	8	3	4
人工	工时	107.1	159.6	185.5	102.9	125.3
锯材	m^3	0.07	0.07	0.07	0.07	0.07
铅丝 8~12#	kg	3.80	3.80	3.80	3.80	3.80
水泥	t				0.46	
水	m^3	23.00	45.00	60.00	23.00	30.00
生石灰	t	1.00	1.85	1.29	0.40	1.08
中(粗)砂	m^3			4.33	4.06	5.68
粘土	m^3		2.43	2.84		
煤渣	m^3	3.98	8.75	12.73		
其他材料费	%	2	2	2	2	2
定额编号		03074	03075	03076	03077	03078

三-24 水泥砂浆抹面

工作内容：冲洗、制浆、抹粉、压光。

单位：$100m^2$

项目	单位	水泥砂浆平均厚 2cm	每增减 1cm
人工	工时	85.8	29.3
砂浆	m^3	2.30	1.05
其他材料费	%	8	
砂浆搅拌机 $0.4m^3$	台时	0.41	0.19
胶轮架子车	台时	5.59	2.55
其他机械费	%	1	
定额编号		03079	03080

三-25 喷 浆

适用范围：岩石面喷浆防护。

工作内容：凿毛、冲洗、配料、喷浆、修饰、养护。

单位：100m²

项目	单位	有钢筋					无钢筋				
		厚度（cm）									
		1	2	3	4	5	1	2	3	4	5
人工	工时	120.0	131.0	141.0	153.0	163.0	112.0	120.0	133.0	142.0	152.0
水泥	t	0.82	1.63	2.45	3.27	4.09	0.82	1.63	2.45	3.27	4.09
砂	m^3	1.22	2.45	3.67	4.89	6.12	1.22	2.45	3.67	4.89	6.12
水	m^3	3.00	3.00	4.00	4.00	5.00	3.00	3.00	4.00	4.00	5.00
防水粉	kg	41.00	82.00	123.00	164.00	205.00	41.00	82.00	123.00	164.00	205.00
其他材料费	%	9	5	3	2	2	9	5	3	2	2
喷浆机 75L	台时	7.60	9.30	10.90	12.70	14.30	6.90	8.20	10.10	11.50	13.10
风水枪	台时	7.10	7.10	7.10	7.10	7.10	5.80	5.80	5.80	5.80	5.80
风镐	台时	20.00	20.00	20.00	20.00	20.00	20.00	20.00	20.00	20.00	20.00
其他机械费	%	1	1	1	1	1	1	1	1	1	1
定额编号		03081	03082	03083	03084	03085	03086	03087	03088	03089	03090

三-26 喷混凝土

适用范围：地面护坡。

工作内容：1. 挂网：30m 内取料，钢筋拉直，切断、编织、绑扎、点焊，搭拆简易脚手架、挂网等。

2. 喷射混凝土：冲洗岩面，配料、喂料、机械拌和，喷射、收回弹料、处理管路故障。

单位：$100m^3$

项目	单位	有钢筋网	无钢筋网
		喷射厚度(cm)	
		8	5
人工	工时	1003.0	993.0
水泥	t	55.62	54.69
中(粗)砂	m^3	77.50	75.60
碎石	m^3	72.60	70.90
速凝剂	t	1.87	1.83
水	m^3	45.00	45.00
其他材料费	%	3	5
搅拌机 $0.25m^3$	台时	53.05	52.01
混凝土喷射机 $4\sim5m^3/h$	台时	53.05	52.01
胶带输送机 800×30	台时	53.05	52.01
风镐	台时	200.00	200.00
其他机械费	%	1	1
定额编号		03091	03092

三-27 锚　固

适用范围：地面砂浆锚杆。

工作内容：钻孔、锚杆制作、安装、制浆、注浆、锚定等。

单位：100 根

项目		单位	锚杆长度（m）							
			2				4			
			岩石级别							
			Ⅴ～Ⅷ	Ⅸ～Ⅹ	Ⅺ～Ⅻ	ⅩⅢ～ⅩⅣ	Ⅴ～Ⅷ	Ⅸ～Ⅹ	Ⅺ～Ⅻ	ⅩⅢ～ⅩⅣ
人工		工时	124.0	142.0	170.0	215.0	258.0	309.0	379.0	494.0
合金钻头		个	4.20	5.50	6.70	8.40	8.50	10.90	13.50	16.70
锚杆	Φ18mm	kg	441.00	441.00	441.00	441.00				
	Φ20mm	kg	544.00	544.00	544.00	544.00	1062.00	1062.00	1062.00	1062.00
	Φ22mm	kg	658.00	658.00	658.00	658.00	1285.00	1285.00	1285.00	1285.00
	Φ25mm	kg					1659.00	1659.00	1659.00	1659.00
	Φ28mm	kg					2081.00	2081.00	2081.00	2081.00
	Φ30mm	kg					2389.00	2389.00	2389.00	2389.00
锚杆附件		kg	144.00	144.00	144.00	144.00	144.00	144.00	144.00	144.00
水泥砂浆		m^3	0.23	0.23	0.23	0.23	0.45	0.45	0.45	0.45
其他材料费		%	3	3	3	3	3	3	3	3
风钻	气腿式	台时	16.50	22.70	31.30	45.40	40.70	56.90	79.40	116.40
其他机械费		%	8	7	6	5	8	7	6	5
定额编号			03093	03094	03095	03096	03097	03098	03099	03100

第四章

混凝土工程

说　　明

一、本章包括现浇混凝土、预制混凝土、混凝土拌和、运输、钢筋制安等定额共27节、68个子目。适用于水土保持拦渣(洪)坝、格栅坝、拦渣墙(挡土墙)、明渠、渡槽等建筑物的混凝土工程。

二、定额中的模板已综合考虑了平面、曲面等模板的摊销量，使用定额时不作调整。

三、定额中的模板材料均按预算消耗量计算，包括制作、安装、拆除、维修的消耗、损耗，并考虑了周转和回收。

四、材料定额中的“混凝土”一项，系指完成单位产品所需的混凝土半成品量，其中包括凿毛、干缩、运输、拌制和接缝砂浆等的损耗量及超填和施工附加量在内。混凝土半成品的单价，只计算配置混凝土所需水泥、砂石骨料、水、掺合料及其外加剂等材料的预算价格。各项材料的用量定额，应按试验资料计算确定，没有试验资料时，可按本定额附录中的混凝土材料配合比表选用。

五、混凝土拌制：

1.“混凝土拌制”指混凝土在拌制过程中骨料、水泥、水、外加剂的输送配料、搅拌及出料等全部工序。

2.混凝土拌制费用，根据设计选定的搅拌机械类型按相应定额计算综合单价。

六、混凝土运输：

1.“混凝土运输”是指混凝土自搅拌设备出料口至浇筑仓面的全部水平和垂直运输。

2.混凝土运输费用，应根据设计选定的运输方式、机械类型，按相应运输定额计算综合单价。

3.混凝土水平运输和垂直运输定额，均以半成品方为单位计算。

七、对于预制混凝土构件的预制、运输及安(吊)装定额,若预制混凝土构件重量超过起重机械起重量时,可用相应起重量机械替换,台时量不变。

八、钢筋制作安装:

钢筋的制作安装定额综合了不同部位、型号及规格,定额中已考虑了钢筋的损耗及施工架立筋附加量。

四-1 混凝土坝

适用范围：重力坝、拱坝等。

工作内容：模板制作、安装、拆除，凿毛、清洗、浇筑、养护等。

单位：100m^3

项　　目	单位	数　　量
人　　工	工时	326.0
板 枋 材	m^3	0.13
钢 模 板	kg	134.50
铁　　件	kg	78.00
混 凝 土	m^3	104.00
其他材料费	%	2.4
振 捣 器 1.1kW	台时	10.30
变频机组 8.5kVA	台时	5.15
风 水 枪	台时	14.70
其他机械费	%	13.7
混凝土拌制	m^3	104
混凝土运输	m^3	104
定 额 编 号		04001

四-2　格栅坝

适用范围:钢筋混凝土格栅坝。

工作内容:模板制作、安装、拆除,凿毛、清洗、浇筑、养护等。

单位:100m³

项　　目	单位	数　量
人　　工	工时	417.8
板 枋 材	m³	0.23
钢 模 板	kg	192.10
铁　　件	kg	108.10
混 凝 土	m³	104.00
其他材料费	%	2.50
振 捣 器　1.1kW	台时	20.05
变 频 机 组　8.5kVA	台时	10.03
风 水 枪	台时	9.36
其他机械费	%	13.70
混凝土拌制	m³	104
混凝土运输	m³	104
定 额 编 号		04002

四-3 挡土墙

适用范围:拦渣墙、挡土墙、导水墙。

工作内容:模板制作、安装、拆除,凿毛、清洗、浇筑、养护等。

单位:100m³

项目	单位	重力式	悬臂式	扶垛式
人工	工时	730.9	811.6	812.9
板枋材	m^3	0.26	0.58	0.61
钢模板	kg	55.00	126.00	133.00
铁件	kg	32.00	73.00	76.00
混凝土	m^3	108.00	113.00	113.00
其他材料费	%	2.0	2.3	2.3
振捣器 1.1kW	台时	51.00	51.00	51.00
风水枪	台时	21.00	21.00	21.00
其他机械费	%	15.0	15.0	15.0
混凝土拌制	m^3	108	113	113
混凝土运输	m^3	108	113	113
定额编号		04003	04004	04005

四-4　溢流面

适用范围：溢流坝段溢流面。

工作内容：模板制作、安装、拆除，凿毛、清洗、浇筑、养护等。

单位：100m³

项　　目	单位	数　量
人　　工	工时	532.7
板 枋 材	m³	0.15
钢 模 板	kg	349.00
铁　　件	kg	46.40
混 凝 土	m³	103.00
其他材料费	%	1.7
振 捣 器　1.1kW	台时	26.00
风 水 枪	台时	11.00
其他机械费	%	12.0
混凝土拌制	m³	103
混凝土运输	m³	103
定 额 编 号		04006

四–5 溢洪道

适用范围:溢洪道混凝土现场浇筑。

工作内容:模板制作、安装、拆除,凿毛、清洗、浇筑、养护等。

单位:100m³

项目	单位	数量
人工	工时	551.3
板枋材	m³	0.34
钢模板	kg	135.10
铁件	kg	89.60
混凝土	m³	113.00
其他材料费	%	1.7
振捣器 1.1kW	台时	48.60
变频机组 8.5kVA	台时	12.15
风水枪	台时	14.70
其他机械费	%	10.0
混凝土拌制	m³	113
混凝土运输	m³	113
定额编号		04007

四-6 护坡框格

适用范围：堤、坝、河岸块石护坡的混凝土框格。

工作内容：模板制作、安装、拆除，凿毛、清洗、浇筑、养护等。

单位：$100m^3$

项　　目	单位	数　量
人　　工	工时	937.0
板 枋 材	m^3	0.85
钢 模 板	kg	193.60
铁　　件	kg	111.60
混 凝 土	m^3	103.00
其他材料费	%	2.4
振 捣 器　1.1kW	台时	49.13
风 水 枪	台时	20.59
其他机械费	%	20.0
混凝土拌制	m^3	103
混凝土运输	m^3	103
定 额 编 号		04008

四-7　渡槽槽身

适用范围:渡槽槽身的现场浇筑。

工作内容:模板制作、安装、拆除,凿毛、清洗、浇筑、养护等。

单位:$100m^3$

项　　目	单 位	平均壁厚(cm)(矩形、U 形)		
		≤20	20~30	>30
人　　工	工时	3472.3	2590.0	1954.2
板 枋 材	m^3	0.91	0.65	0.50
钢 模 板	kg	1095.00	797.00	571.00
铁　　件	kg	560.00	408.00	292.00
混 凝 土	m^3	103.00	103.00	103.00
其他材料费	%	0.5	0.5	0.5
振 捣 器 1.1kW	台时	60.72	57.68	54.65
风 水 枪	台时	2.84	2.84	2.84
其他机械费	%	15.0	15.0	15.0
混凝土拌制	m^3	103	103	103
混凝土运输	m^3	103	103	103
定 额 编 号		04009	04010	04011

四-8 排导槽

适用范围：排导槽混凝土现场浇筑。

工作内容：模板制作、安装、拆除，凿毛、清洗、浇筑、养护等。

单位：100m^3

项　　目	单位	数　量
人　　工	工时	551.3
板 枋 材	m^3	0.12
钢 模 板	kg	144.00
铁　　件	kg	65.00
混 凝 土	m^3	108.00
其他材料费	%	1.0
振 捣 器 1.1kW	台时	50.60
风 水 枪	台时	27.00
其他机械费	%	10.0
混凝土拌制	m^3	108
混凝土运输	m^3	108
定 额 编 号		04012

四-9 明　　渠

适用范围:明渠(非岩石基础)混凝土衬砌。

工作内容:模板制作、安装、拆除,凿毛、清洗、浇筑、养护等。

单位:100m³

项　　目	单 位	衬砌厚度(cm)		
		≤25	25~45	>45
人　　工	工时	908.5	699.2	633.7
板 枋 材	m³	0.86	0.57	0.35
钢 模 板	kg	135.50	90.34	54.85
铁　　件	kg	78.10	52.10	31.61
混 凝 土	m³	113.00	109.00	107.00
其他材料费	%	1.8	1.6	1.2
振 捣 器 1.1kW	台时	53.05	49.13	47.38
风 水 枪	台时	2.00	2.00	2.00
其他机械费	%	15.0	15.0	15.0
混凝土拌制	m³	113	109	107
混凝土运输	m³	113	109	107
定 额 编 号		04013	04014	04015

注:若基础为岩石,定额混凝土用量扩大10%。

四-10 排　架

适用范围:渡槽排架及一般结构混凝土。

工作内容:模板制作、安装、拆除,凿毛、清洗、浇筑、养护等。

单位:100m³

项　目	单位	数　量
人　工	工时	1785.6
板 枋 材	m³	0.40
钢 模 板	kg	451.20
铁　件	kg	20.00
混 凝 土	m³	106.00
其他材料费	%	0.8
振 捣 器 1.1kW	台时	50.60
风 水 枪	台时	2.76
其他机械费	%	10.0
混凝土拌制	m³	106
混凝土运输	m³	106
定 额 编 号		04016

注:A 形排架人工扩大 10%。

四-11 混凝土压顶

适用范围:浆砌块石、干砌块石挡土墙压顶。

工作内容:墙顶表面清理冲洗,模板制作、安装、拆除,混凝土浇筑、人工平仓捣实、压光、抹平。

单位:100m^3

项目	单位	数量
人工	工时	957.8
板枋材	m^3	1.27
钢模板	kg	190.88
铁件	kg	86.30
混凝土	m^3	105.00
其他材料费	%	2.0
混凝土拌制	m^3	105
混凝土运输	m^3	105
定额编号		04017

四-12 土工膜袋混凝土

适用范围:坡面防护。

工作内容:坡面清理平整,铺设膜袋,混凝土拌和及充灌。

单位:$100m^3$

项目	单位	陆上		水下	
		混凝土厚度(cm)			
		15	20	20	30
人工	工时	1164.0	960.0	1144.0	1056.0
混凝土	m^3	103	103	104	104
土工膜袋	m^2	1375	1030	1050	700
其他材料费	%	1	1	2	2
搅拌机 $0.4m^3$	台时	38.00	37.50	37.50	37.50
混凝土泵 $30m^3/h$	台时	19.00	18.75	18.75	18.75
胶轮架子车	台时	162.50	162.50	162.50	162.50
其他机械费	%	1	1	8	8
混凝土水平运输	m^3	103	103	104	104
定额编号		04018	04019	04020	04021

四–13 预制混凝土构件

适用范围：混凝土梁、排架、柱、桩，盖板、护坡衬砌用板等。

工作内容：木模板制作、安装，浇筑、养护、预制件吊移。

单位：$100m^3$

项目	单位	梁、柱、排架、桩		板
		体积(m^3)		
		≤1	>1	
人工	工时	1776.0	1426.4	1661.4
板枋材	m^3	2.86	2.43	2.76
铁件	kg	1540.00	1540.00	60.00
混凝土	m^3	103.00	103.00	103.00
其他材料费	%	2	2	2
塔式起重机 10t	台时	22.40	22.40	
振捣器 1.1kW	台时	54.65	54.65	69.55
载重汽车 5t	台时	1.61	1.61	1.61
其他机械费	%	1	1	1
混凝土拌制	m^3	103	103	103
混凝土运输	m^3	103	103	103
定额编号		04022	04023	04024

注：材料中不含桩靴用量，桩靴用量另计。

四-14 预制混凝土构件运输、安装

适用范围：各型预制混凝土构件。

工作内容：运输：装车、运输、卸车并按指定地点堆放等。

安装：构件吊装校正、铁件安装、焊接固定、填缝灌浆。

单位：$100m^3$

项目	单位	构件运输	构件安装
人工	工时	98.6	774.5
板枋材	m^3	0.10	0.42
圆木	m^3		0.48
铁垫块	kg		68.60
电焊条	kg		29.40
铁丝	kg	24.00	
钢丝绳	kg	2.75	
钢材	kg	8.00	
混凝土预制构件	m^3		100.00
混凝土	m^3		10.20
其他材料费	%		2
汽车起重机 15t	台时	17.92	15.70
汽车拖车头 20t	台时	26.88	
平板拖车 20t	台时	26.88	
电焊机 25kVA	台时		38.64
其他机械费	%		5
预制混凝土构件运输	m^3		100
混凝土拌制	m^3		10.2
混凝土运输	m^3		10.2
定额编号		04025	04026

四-15　拌和机拌制混凝土

工作内容:配运水泥、骨料、投料、加水、加外加剂、搅拌、出料、清洗等。

单位:100m³

项　　目	单位	搅拌机出料(m³)	
		0.4	0.8
人　　工	工时	287.0	214.0
零星材料费	%	8	8
混凝土搅拌机	台时	22.10	10.60
胶轮架子车	台时	92.00	92.00
定　额　编　号		04027	04028

四-16　人工运混凝土

工作内容:装、挑(抬)、运、卸、清洗等。

单位:100m³

项　　目	单位	运距 50m	每增运 50m
人　　工	工时	387.4	47.5
零星材料费	%	7	
定　额　编　号		04029	04030

四-17 胶轮车运混凝土

工作内容:装、运、卸、清洗等。

单位:100m^3

项目	单位	运距 50m	每增运 50m
人工	工时	80.6	30.5
零星材料费	%	15	
胶轮架子车	台时	64.48	30.50
定额编号		04031	04032

四-18 机动翻斗车运混凝土

工作内容:装、运、卸、空回、清洗。

单位:100m^3

项目	单位	运距(m)					每增运100m
		100	200	300	400	500	
人工	工时	74.0	74.0	74.0	74.0	74.0	
零星材料费	%	5.8	5.5	5.2	5.0	4.8	
机动翻斗车 0.5m^3	台时	25.36	29.44	33.24	36.75	40.17	3.24
定额编号		04033	04034	04035	04036	04037	04038

四-19　小型拖拉机运混凝土

工作内容：装、运、卸、空回、清洗。

单位：100m³

项　　目	单位	运　距　(m)	
		500	1000
人　　工	工时	89.0	89.0
零星材料费	%	5	4
拖　拉　机　20kW	台时	40.00	55.00
定　额　编　号		04039	04040

四-20　自卸汽车运混凝土

工作内容：装车、运输、卸料、空回、清洗。

单位：100m³

项　　目	单位	运 距(km)				每增运
		≤0.5	1	2	3	0.5km
人　　工	工时	22.3	22.3	22.3	22.3	
零星材料费	%	8.0	7.0	5.0	4.0	
自 卸 汽 车　3.5t	台时	17.20	21.71	28.66	33.87	3.12
5t	台时	12.89	16.29	21.47	25.49	2.40
8t	台时	9.77	12.22	15.24	17.82	1.30
10t	台时	9.14	11.46	14.28	16.67	1.20
15t	台时	6.08	7.67	9.53	11.12	0.81
定　额　编　号		04041	04042	04043	04044	04045

注：洞内运输人工、机械定额乘以 1.25 系数。

四-21 搅拌车运混凝土

工作内容:装车、运输、卸料、空回、清洗。

单位:100m^3

项目	单位	运距(km)				每增运0.5km
		≤0.5	1	2	3	
人工	工时	22.3	22.3	22.3	22.3	
零星材料费	%	3	2.7	2.2	2	
混凝土搅拌车 3m^3	台时	16.45	19.37	23.28	26.39	1.60
定额编号		04046	04047	04048	04049	04050

注:1.如采用6m^{3}混凝土搅拌车,机械定额乘以0.52系数。

2.洞内运输人工、机械定额乘以1.25系数。

四-22 溜槽运混凝土

工作内容:开关储料斗活门、扒料、冲洗料斗卸槽。

单位:100m^3

项目	单位	溜槽斜长(m)		
		5	10	每增运2m
人工	工时	36.3	44.6	4.52
零星材料费	%	20	20	
定额编号		04051	04052	04053

四-23　卷扬机井架吊运混凝土

工作内容:人力推车进出架、提升、空回。

单位:100m³

项　　目	单位	垂直运距(m)	
		30	每增减 10m
人　　工	工时	213.2	25.8
零星材料费	%	1.3	
卷　扬　机　5t	台时	48.61	6.03
胶轮架子车	台时	194.40	24.13
定　额　编　号		04054	04055

注:拌和机到井架的胶轮车运输另计。

四-24　履带起重机吊运混凝土

适用范围:自卸汽车运混凝土供料。

工作内容:吊运、卸料入仓或储料斗,吊回混凝土罐、清洗。

单位:100m³

项　　目	单位	吊　　高　(m)	
		≤15	>15
人　　工	工时	11.9	16.7
履带式起重机　15t	台时	1.70	2.45
混凝土吊罐　3m³	台时	1.70	2.45
其他机械费	%	12	9
定　额　编　号		04056	04057

四-25 塔式起重机吊运混凝土

适用范围:汽车运混凝土供料。

工作内容:吊运、卸料入仓或储料斗,吊回混凝土罐、清洗。

单位:$100m^3$

项目	单位	混凝土吊罐(m^3)								
		3			1.6			0.65		
		吊高(m)								
		≤10	10~30	>30	≤10	10~30	>30	≤10	10~30	>30
人工	工时	14.0	17.4	20.3	33.5	42.5	50.9	83.7	98.3	112.2
塔式起重机 25t	台时	2.29	2.98	3.47						
塔式起重机 6t	台时				4.74	6.02	7.18	11.76	14.05	15.81
混凝土吊罐	台时	2.29	2.98	3.47	4.74	6.02	7.18	11.76	14.05	15.81
其他机械费	%	12	9	8	12	9	8	10	8	7
定额编号		04058	04059	04060	04061	04062	04063	04064	04065	04066

四-26　泵送混凝土

工作内容：将混凝土输送到浇筑地点。

单位：$100m^3$

项　　目	单位	数　　量
人　　工	工时	26.0
零星材料费	%	8
混凝土输送泵　$30m^3/h$	台时	8.28
定　额　编　号		04067

四-27　钢筋制作、安装

适用范围：水工建筑物各部位及预制构件。

工作内容：回直、除锈、切断、弯制、焊接、绑扎及加工场至施工场地运输。

单位：1t

项　　目	单位	数　　量
人　　工	工时	104.0
钢　　筋	t	1.06
铁　　丝	kg	4.00
电　焊　条	kg	7.22
其他材料费	%	1.1
钢筋调直机	台时	0.66
风　砂　枪	台时	1.71
钢筋切断机　20kW	台时	0.44
钢筋弯曲机　Φ6~40	台时	1.21
电　焊　机　25kVA	台时	11.37
其他机械费	%	15
定　额　编　号		04068

第五章

砂 石 备 料 工 程

说　明

一、本章包括砂石骨料、块石、条料石的开采、加工、运输定额共23节、104个子目。

二、砂石备料定额的计量单位均为成品方。成品方是指每节规定的工作内容完成后的松散砂石料。

三、本章定额石料规格及标准说明：

砂石料：指砂砾料、碎石、砂、骨料的统称。

砂砾料：指未经加工的天然砂卵石料。

砾石：指砂砾料经加工分级后粒径大于5mm的卵石。

碎石原料：指未经破碎、加工的主体工程石方开挖弃料。

碎石：指经破碎、加工分级后粒径大于5mm的骨料。

砂：指粒径小于或等于5mm的骨料。

骨料：指经加工分级后的砾石、碎石和砂。

块石：指长、宽各为厚度的2~3倍，厚度大于20cm的石块。

片石：指长、宽各为厚度的3倍以上，厚度大于15cm的石块。

毛条石：指一般长度大于60cm的长条形四棱方正的石料。

料石：指毛条石经修边打荒加工，外露面方正，各相邻面正交，表面凸凹不超过10mm的石料。

四、开采定额中不包括覆盖层的剥离。

五、机械开采、加工、运输各节定额，均以控制产量的主要机械制定，次要机械和辅助机械按施工设计配置计算，凡定额中注明了型号、规格的机械一般不作调整，未注明的机械可按设计配置计算。

六、定额中已考虑了运输、堆存、加工等损耗和体积变化，使用定额时不再加其他任何系数及损耗率。

七、砂石料单价计算

1.根据施工组织设计确定的砂石备料方案和工艺流程,按本章相应定额计算各加工工序单价,然后累计计算成品单价。骨料成品单价自采集、加工、运输一般计算至拌和系统前调节料仓为止。

2.天然砂砾料加工过程中,由于生产或级配平衡需要进行中间工序处理的砂石料,包括级配余料、级配弃料、超径弃料等,应以料场勘探资料和施工组织设计级配平衡计算结果为依据。计算砂石料单价时,弃料处理费用应按处理量与骨料总量的比例摊入骨料成品单价。余弃料单价应为选定处理工序处的砂石料单价。若余弃料需转运至指定弃料地点时,其运输费用应按本章有关定额子目计算,并按比例摊入骨料成品单价。

3.料场覆盖层剥离按一般土石方工程定额计算费用,并按设计工程量比例摊入骨料成品单价。

八、机械挖运松散状态下的砂砾料,采用五-5 至五-10 节定额时,其中人工及挖掘机械乘以 0.85 系数。

五-1 人工开采砂砾料

适用范围：滩地水上开采。

工作内容：挖、装、运、卸、空回、堆积。

单位：100m^3 成品堆方

项目	单位	运距50m以内						每增运10m
		砂	含砾率(%)					
			0~10	10~30	30~50	50~70	70以上	
人工	工时	270.6	273.9	291.5	311.3	335.5	365.2	29.7
零星材料费	%	1	1	1	1	1	1	
定额编号		05001	05002	05003	05004	05005	05006	05007

注：水下开采，人工定额乘以1.2系数。

五-2 人工筛分砂石料

适用范围：经开采后的堆放料。

工作内容：上料、过筛、10m 以内堆取料。

单位：$100m^3$ 成品堆方

项　　目	单位	三层筛	四层筛
人　　工	工时	173.8	198.0
零星材料费	%	5	5
定　额　编　号		05008	05009

五-3　人工溜洗骨料

适用范围:经筛分后的成品骨料。

工作内容:取料上槽、翻洗、堆放、溜槽及水管安拆维修。

单位:$100m^3$ 成品堆方

项　　目	单位	砂	砾石粒径(mm)		
			5~20	20~40	40~80
人　　工	工时	309.1	150.7	182.6	227.7
水	m^3	150.0	100.0	100.0	100.0
其他材料费	%	20	20	20	20
定　额　编　号		05010	05011	05012	05013

注:溜洗碎石时,人工定额乘以1.2系数。

五-4　颚式破碎机破碎筛分碎石

适用范围:颚式破碎机破碎碎石,单机作业。

工作内容:人工辅助上料、轧石、冲洗、筛分、清理工作面。

单位:100m³ 成品堆方

项　　目	单位	颚式破碎机型号			
		250×400	400×600	450×600	450×750
人　　工	工时	143.9	118.2	114.3	110.1
碎石原料	m^3	115.00	115.00	115.00	115.00
水	m^3	100.00	100.00	100.00	100.00
其他材料费	%	10	10	10	10
颚式破碎机	台时	14.63	6.05	4.75	3.38
槽式给料机　900×2100	台时	14.63	6.05	4.75	3.38
自定中心振动筛　900×1800	台时	29.25	12.09	9.49	6.76
胶带输送机　$B=650$　$L=30$	台时	14.63	6.05	4.75	3.38
胶带输送机　$B=500$　$L=20$	台时	73.13	30.23	23.73	16.90
其他机械费	%	2.3	2.4	2.6	2.8
定　额　编　号		05014	05015	05016	05017

五-5 1.0m^3 挖掘机挖装砂砾料、自卸汽车运输

工作内容：装、运、卸、空回、清理工作面。

单位：100m^3 成品堆方

项目	单位	运距（km）				每增运 1km
		1	2	3	4	
人工	工时	5.4	5.4	5.4	5.4	
零星材料费	%	2.4	2.4	2.4	2.4	
挖掘机 1.0m^3	台时	0.97	0.97	0.97	0.97	
推土机 74kW	台时	0.48	0.48	0.48	0.48	
自卸汽车 5t	台时	8.71	11.95	13.96	16.27	2.13
8t	台时	5.85	7.39	9.04	10.49	1.34
10t	台时	5.25	6.58	8.14	9.35	1.13
定额编号		05018	05019	05020	05021	05022

五-6 2.0m³ 挖掘机挖装砂砾料、自卸汽车运输

工作内容：装、运、卸、空回、清理工作面。

单位：100m³ 成品堆方

项目	单位	运距（km）				每增运 1km
		1	2	3	4	
人工	工时	3.4	3.4	3.4	3.4	
零星材料费	%	2.4	2.4	2.4	2.4	
挖掘机 2.0m³	台时	0.60	0.60	0.60	0.60	
推土机 74kW	台时	0.30	0.30	0.30	0.30	
自卸汽车 10t	台时	5.07	6.46	7.51	8.92	1.13
12t	台时	4.41	5.57	6.76	7.96	0.96
15t	台时	3.51	4.57	5.61	6.48	0.76
18t	台时	3.15	4.04	5.03	5.63	0.64
20t	台时	2.91	3.72	4.58	5.15	0.57
定额编号		05023	05024	05025	05026	05027

五-7　1.0m^3 挖掘机装骨料、自卸汽车运输

工作内容：装、运、卸、空回、清理工作面。

单位：100m^3 成品堆方

项目	单位	运距（km）				每增运 1km
		1	2	3	4	
人　工	工时	4.4	4.4	4.4	4.4	
零星材料费	%	2.4	2.4	2.4	2.4	
挖掘机　1.0m^3	台时	0.75	0.75	0.75	0.75	
推土机　74kW	台时	0.38	0.38	0.38	0.38	
自卸汽车　5t	台时	8.45	10.99	13.49	16.12	2.06
8t	台时	5.48	7.25	8.77	10.32	1.29
10t	台时	5.14	6.34	7.53	8.77	1.08
定额编号		05028	05029	05030	05031	05032

五-8　2.0m³ 挖掘机装骨料、自卸汽车运输

工作内容：装、运、卸、空回、清理工作面。

单位：100m³ 成品堆方

项　　目	单位	运距（km）				每增运 1km
		1	2	3	4	
人　　工	工时	2.8	2.8	2.8	2.8	
零星材料费	%	2.60	2.60	2.60	2.60	
挖掘机　2.0m³	台时	0.49	0.49	0.49	0.49	
推土机　74kW	台时	0.24	0.24	0.24	0.24	
自卸汽车　10t	台时	4.72	6.08	7.39	8.74	1.08
12t	台时	4.23	5.38	6.53	7.69	0.92
15t	台时	3.43	4.30	5.17	6.06	0.73
18t	台时	3.05	3.76	4.41	5.12	0.62
20t	台时	2.87	3.49	4.11	4.77	0.54
定额编号		05033	05034	05035	05036	05037

五-9 1.0m³ 装载机装骨料、自卸汽车运输

工作内容：装、运、卸、空回、清理工作面。

单位：100m³ 成品堆方

项目	单位	运距（km）				每增运 1km
		1	2	3	4	
人工	工时	7.7	7.7	7.7	7.7	
零星材料费	%	2.4	2.4	2.4	2.4	
装载机 1.0m³	台时	1.29	1.29	1.29	1.29	
推土机 59kW	台时	0.65	0.65	0.65	0.65	
自卸汽车 5t	台时	9.17	12.11	14.04	16.49	2.06
8t	台时	6.31	7.85	9.34	10.88	1.29
10t	台时	5.77	6.98	8.18	9.43	1.08
定额编号		05038	05039	05040	05041	05042

五-10　2.0m³ 装载机装骨料、自卸汽车运输

工作内容：装、运、卸、空回、清理工作面。

单位：100m³ 成品堆方

项　目	单位	运距（km）				每增运 1km
		1	2	3	4	
人　工	工时	4.3	4.3	4.3	4.3	
零星材料费	%	2.6	2.6	2.6	2.6	
装载机　2.0m³	台时	0.78	0.78	0.78	0.78	
推土机　59kW	台时	0.39	0.39	0.39	0.39	
自卸汽车　10t	台时	5.19	6.54	7.80	9.11	1.08
12t	台时	4.75	5.84	6.89	8.02	0.92
15t	台时	3.75	4.60	5.65	6.52	0.72
18t	台时	3.49	4.23	5.14	5.85	0.61
20t	台时	3.17	3.73	4.76	5.19	0.56
定额编号		05043	05044	05045	05046	05047

五-11 人工挑、抬砂石料

适用范围：经开采后的堆放料。

工作内容：装、运、卸、堆积、空回。

单位：$100m^3$ 成品堆方

项目	单位	运距50m以内				每增运10m	
		砂	砾石	碎石	砂砾料	骨料	砂砾料
人工	工时	203.0	217.3	223.4	299.9	21.4	28.6
零星材料费	%	3.5	3.5	3.5	3.5		
定额编号		05048	05049	05050	05051	05052	05053

五-12　人工装、胶轮车运砂石料

适用范围：松堆砂石料。

工作内容：装、运、卸、堆积、空回。

单位：100m³ 成品堆方

项　　目	单位	运距 50m 以内				每增运 50m
		砂	砾石	碎石	砂砾料	
人　　工	工时	145.9	168.3	177.5	184.6	21.7
零星材料费	%	2.5	2.5	2.5	2.5	
胶轮架子车	台时	63.66	64.26	64.26	64.26	13.2
定　额　编　号		05054	05055	05056	05057	05058

五-13 人工装、机动翻斗车运砂石料

适用范围：松堆砂石料。

工作内容：装、运、卸、堆积、空回。

单位：100m³ 成品堆方

项目	单位	运距 100m 以内				每增运 100m
		砂	砾石	碎石	砂砾料	
人工	工时	129.9	168.9	177.3	186.2	
零星材料费	%	2	2	2	2	
机动翻斗车 $0.5m^3$	台时	28.42	32.95	32.95	32.95	2.70
定额编号		05059	05060	05061	05062	05063

五-14 人工开采块石

工作内容：打眼、爆破、码方、清渣。

单位：100m³ 成品码方

项目	单位	岩石级别		
		Ⅶ~Ⅹ	Ⅹ~Ⅻ	Ⅻ~ⅩⅣ
人工	工时	877.5	1163.5	1352.0
钢钎	kg	11.00	14.00	15.00
炸药	kg	35.00	44.00	50.00
雷管	个	44.00	54.00	63.00
导线 火线	m	105.00	130.00	149.00
电线	m	179.00	221.00	254.00
其他材料费	%	20	20	20
定额编号		05064	05065	05066

五-15　机械开采块石

工作内容：钻孔、爆破、码方、清渣。

单位：100m³ 成品码方

项目		单位	岩石级别		
			Ⅷ~Ⅹ	Ⅺ~Ⅻ	ⅩⅢ~ⅩⅣ
人工		工时	453.8	490.5	529.5
合金钻头		个	1.69	2.71	3.84
炸药		kg	34.30	42.50	48.80
雷管		个	38.34	47.52	54.72
导线	火线	m	91.80	113.40	130.50
	电线	m	156.60	193.50	222.30
其他材料费		%	15	15	15
风钻	手持式	台时	8.26	16.40	26.43
其他机械费		%	10	10	10
定额编号			05067	05068	05069

注：采用人工清渣。

五-16 人工开采条石、料石

工作内容：开采、煊钎、清凿、堆放。

单位：100m³ 成品码方

项目	单位	毛条石		粗料石		细料石	
		Ⅷ～Ⅹ	Ⅺ～Ⅻ	Ⅷ～Ⅹ	Ⅺ～Ⅻ	Ⅷ～Ⅹ	Ⅺ～Ⅻ
人工	工时	2151.5	2619.5	4212.0	5220.0	5670.0	7011.0
炸药	kg	3.00	5.00	3.00	5.00	3.00	5.00
火雷管	个	15.00	26.00	15.00	26.00	15.00	26.00
导火线	m	20.00	33.00	20.00	33.00	20.00	33.00
其他材料费	%	3.0	3.4	3.5	3.8	3.5	3.8
定额编号		05070	05071	05072	05073	05074	05075

五-17 人工捡集块、片石

工作内容:撬石、解小、码方。

单位:100m³ 成品码方

项目	单位	数量
人工	工时	328.0
零星材料费	%	3.0
定额编号		05076

五-18 人工抬运块石

工作内容:装、运、卸、空回。

单位:100m³ 成品码方

项目	单位	运距 50m	每增运 10m
人工	工时	203.7	22.4
零星材料费	%	7	
定额编号		05077	05078

五-19 人工装、胶轮车运块石

工作内容:装、运、卸、堆存、空回。

单位:100m³ 成品码方

项目	单位	运距 50m	每增运 50m
人工	工时	175.0	16.8
零星材料费	%	5	
胶轮架子车	台时	77.3	13.2
定额编号		05079	05080

五-20 人工装、机动翻斗车运块石

适用范围:运块石。

工作内容:人工装车、运输、卸车、空回。

单位:$100m^3$ 成品码方

项目	单位	运距(m)					每增运100m
		100	200	300	400	500	
人工	工时	185.3	185.3	185.3	185.3	185.3	
零星材料费	%	2	2	2	2	2	
机动翻斗车 $0.5m^3$	台时	45.7	50.0	53.8	57.4	60.9	3.1
定额编号		05081	05082	05083	05084	05085	05086

五-21 人工装卸、载重汽车运块石

适用范围:运块石。

工作内容:人工装卸、汽车运输。

单位:100m³ 成品码方

项目	单位	运距（km）					每增运1km
		0.5	1	2	3	4	
人工	工时	247.7	247.7	247.7	247.7	247.7	
零星材料费	%	2	2	2	2	2	
载重汽车 5t	台时	50.31	52.13	55.84	59.54	63.25	3.71
8t	台时	42.71	43.94	46.48	49.01	51.55	2.54
定额编号		05087	05088	05089	05090	05091	05092

五-22 人工装卸、手扶拖拉机运块石

工作内容:人工装卸、手扶拖拉机运输、空回。

单位:$100m^3$ 成品码方

项目	单位	运距(m)			每增运100m
		300	400	500	
人工	工时	204.0	204.0	204.0	
零星材料费	%	2	2	2	
手扶拖拉机 11kW	台时	54.86	58.03	61.10	3.32
定额编号		05093	05094	05095	05096

五-23 人工装卸、手扶拖拉机运砂石骨料

(1) 运砂料

工作内容:人工装卸、手扶拖拉机运输、空回。

单位:$100m^3$ 成品堆方

项目	单位	运距(m)			每增运100m
		300	400	500	
人工	工时	139.8	139.8	139.8	
零星材料费	%	2	2	2	
手扶拖拉机 11kW	台时	33.33	35.98	38.53	2.73
定额编号		05097	05098	05099	05100

（2） 运碎石、砾石

工作内容：人工装卸、手扶拖拉机运输、空回。

单位：100m³ 成品堆方

项　　目	单 位	运　　距　　（m）			每增运 100m
		300	400	500	
人　　工	工时	190.8	190.8	190.8	
零星材料费	%	2	2	2	
手扶拖拉机　11kW	台时	42.46	45.29	48.02	3.19
定　额　编　号		05101	05102	05103	05104

第六章

基础处理工程

说　　明

一、本章定额包括风钻钻灌浆孔、钻机钻岩石灌浆孔、钻机钻（高压喷射）灌浆孔、混凝土灌注桩造孔、地下混凝土连续墙造孔、基础固结灌浆、坝基岩石帷幕灌浆、高压摆喷灌浆、灌注混凝土桩、地下连续墙混凝土浇筑、水泥搅拌桩、振冲碎石桩、抗滑桩、钢筋（轨）笼制作吊装等定额共 14 节、65 个子目，适用于水土保持基础处理工程。

二、基础处理工程定额的地层划分：

1. 钻机钻岩石地层孔工程定额，均按岩石十六级分类法的 Ⅴ~ⅩⅣ级划分。

2. 钻机钻软基地层孔工程定额，地层划分为砂（粘）土、砾石、卵石三类。

3. 冲击钻钻孔工程定额，按地层特征划分为十一类。

三、在有架子的平台上钻孔，平台至地面孔口高差超过 2.0m 时，钻机和人工定额乘以 1.05 系数。

四、使用柴油机带动钻机时，机械定额乘以 1.05 系数。

五、本章各节定额包括了简易工作台搭拆和井口护筒埋设、混凝土导向槽、管路安装和拆除、场内材料运输、现场清理等必要的施工工序。

六、本章钻灌浆孔定额，已计入了灌浆后钻检查孔的量，使用定额时不再加计。

七、本章灌浆定额，已计入了灌浆前的压水试验和灌浆后补灌及封孔等项工作。

八、固结灌浆和帷幕灌浆定额中的中、低压灌浆泵改用高压泵时，定额数量不变。

九、本章灌注混凝土桩及地下连续墙混凝土浇筑材料消耗定额中“( )”内的数字为混凝土半成品,在计算概算单价时与水泥、石子、砂子和水不能重复计算。

六-1 风钻钻灌浆孔

适用范围：固结灌浆孔、排水孔，露天作业。

工作内容：钻孔、冲洗、孔位转移等。

单位：100m

项目	单位	岩石级别			
		Ⅴ～Ⅷ	Ⅸ～Ⅹ	Ⅺ～Ⅻ	ⅩⅢ～ⅩⅣ
人工	工时	81.0	106.0	153.0	228.0
合金钻头	个	2.20	2.59	3.22	4.10
空心钢	kg	1.08	1.39	2.01	3.33
水	m^3	7.00	9.00	14.00	22.00
其他材料费	%	14	13	11	9
风钻 手持式	台时	19.00	24.60	35.40	53.10
其他机械费	%	15	14	12	10
定额编号		06001	06002	06003	06004

注：1.钻混凝土孔可按Ⅹ级岩石计算。

2.钻浆砌石孔可按料石相同的岩石等级定额计算。

3.钻水平、倒向孔使用气腿式风钻，台时费单价按工程量比例综合计算。

六-2　钻机钻岩石灌浆孔

适用范围：固结灌浆孔及帷幕灌浆孔，露天作业。

工作内容：固定孔位、开孔、钻孔、清孔、记录、孔位转移等。

单位：100m

项　　目	单位	岩石级别			
		Ⅴ～Ⅷ	Ⅸ～Ⅹ	Ⅺ～Ⅻ	ⅩⅢ～ⅩⅣ
人　　工	工时	252.0	368.0	543.0	903.0
合金钻头	个	5.90			
合金片	kg	0.40			
金刚石钻头	个		3.00	3.60	4.50
扩孔器	个		2.10	2.50	3.20
岩芯管	m	2.40	3.00	4.50	5.70
钻　　杆	m	2.20	2.60	3.90	4.90
钻杆接头	个	2.30	2.90	4.40	5.50
水	m^3	500.00	600.00	750.00	1000.00
其他材料费	%	16	15	13	11
地质钻机　150型	台时	72.00	105.00	155.00	258.00
其他机械费	%	5	5	5	5
定额编号		06005	06006	06007	06008

注：钻混凝土孔可按Ⅹ级岩石计算。

六-3 钻机钻(高压喷射)灌浆孔

适用范围:垂直孔,孔深40m以内,孔径不小于130mm,露天作业。

工作内容:固定孔位、准备、泥浆制备、运送、固壁、钻孔、记录、孔位转移等。

单位:100m

项目	单位	地层类别		
		粘土、砂	砾石	卵石
人工	工时	507.0	566.0	719.0
粘土	t	18.00	42.00	132.00
砂子	m^3			40.00
铁砂	kg			1080.00
铁砂钻头	个			13.00
合金钻头	个	2.00	4.00	
合金片	kg	0.50	2.00	
岩芯管	m	2.00	3.00	5.00
钻杆	m	2.50	3.00	6.00
钻杆接头	个	2.40	2.80	5.60
水	m^3	800.00	1200.00	1400.00
其他材料费	%	13	11	10
地质钻机 150型	台时	60.00	90.00	225.00
灌浆泵 中压泥浆	台时	60.00	90.00	225.00
泥浆搅拌机	台时	24.00	30.00	42.00
其他机械费	%	5	5	5
定额编号		06009	06010	06011

六-4 混凝土灌注桩造孔

(1) 人工挖孔

工作内容:1.人力(机械)开挖,卷扬机提运,修整桩孔,施工通风等。

2.混凝土及钢筋混凝土预制构件(护壁)安设。

单位:100m³ 及 10m

项目	单位	桩孔土石方开挖(100m³)				护壁安设(10m)
		Ⅲ	Ⅳ	Ⅴ~Ⅵ	Ⅶ~Ⅸ	
人工	工时	1275.4	1746.5	2013.2	2282.0	55.3
空心钢	kg			2.00	3.00	
钢钎	kg		4.74			
合金钻头	个			9.48	14.22	
炸药	kg			14.00	49.00	
电雷管	个			60.00	120.00	
混凝土及钢筋混凝土预制构件	m³					5.34
其他材料费	%		9	9	9	9

续表

项目	单位	桩孔土石方开挖($100m^3$)				护壁安设(10m)
		Ⅲ	Ⅳ	Ⅴ~Ⅵ	Ⅶ~Ⅸ	
风钻 气腿式	台时			143.00	214.50	
风镐	台时		71.50			
锻钎机 $d≤90mm$	台时		1.13	2.16	3.25	
空压机 $≤9m^3/min$	台时		23.80	47.67	71.50	
卷扬机 ≤3t	台时	280.80	344.50	520.00	520.00	41.28
离心泵 $≤50m^3/h$ 38m	台时	65.00	130.00	130.00	130.00	
通风机 $≤8m^3/min$	台时	102.70	102.70	102.70	102.70	
其他机械费	%	2	2	2	2	2
定额编号		06012	06013	06014	06015	06016

注:1.孔深≤8 m 的桩孔不计通风机台时。

2.护壁长度按实际支护长度计算。

（2） 冲击钻造孔

适用范围：孔深 20m 以内，桩径 1.0m 以内。

工作内容：井口护筒埋设、钻机安装、转移孔位、造孔、出渣、制作固壁泥浆、清孔。

单位：100m

项目	单位	地层岩性						
		粘土	砂壤土	粉细砂	砾石	卵石	漂石	岩石
人工	工时	1252.8	1203.3	2707.2	1970.1	2768.4	3012.3	3572.1
锯材	m^3	0.20	0.20	0.20	0.20	0.20	0.20	0.20
钢材	kg	84.00	70.00	270.00	160.00	265.00	437.00	308.00
钢板 4mm	m^2	1.30	1.30	1.30	1.30	1.30	1.30	1.30
铁丝	kg	5.50	5.50	5.50	5.50	5.50	5.50	5.50
粘土	t	80.00	108.00	108.00	108.00	108.00	108.00	108.00
碱粉	kg	334.00	450.00	450.00	450.00	450.00	450.00	450.00
电焊条	kg	63.00	53.00	204.00	120.00	201.00	332.00	234.00
水	m^3	1050.00	1050.00	1050.00	1050.00	1050.00	1050.00	1050.00
其他材料费	%	3	3	2	2	2	2	2

续表

项目	单位	地层岩性						
		粘土	砂壤土	粉细砂	砾石	卵石	漂石	岩石
冲击钻机 CZ-22型	台时	154.80	142.20	338.40	237.60	333.90	376.20	459.90
电焊机 25kVA	台时	77.40	71.10	225.90	148.50	220. 50	270.00	287.10
泥浆泵 3PN	台时	48.60	64.80	64.8	64.80	64.80	64.80	64.80
泥浆搅拌机	台时	97.20	129.60	129.60	129.60	129.60	129.60	129.60
汽车起重机 25t	台时	7.38	7.38	7.38	7.38	7.38	7.38	7.38
自卸汽车 5t	台时	24.12	24.12	24.12	24.12	24.12	24.12	24.12
载重汽车 5t	台时	15.75	13.95	49.14	28.71	47.25	79.74	55.62
其他机械费	%	3	3	3	2	2	2	2
定额编号		06017	06018	06019	06020	06021	06022	06023

注:1.本节岩石系指抗压强度<30MPa 的岩石。

2.不同桩径,人工、钢材、钢板、电焊条、冲击钻机、电焊机、自卸汽车乘以下系数:

桩径(m)	0.6	0.6~0.7	0.7~0.8	0.8~0.9	0.9~1.0
系数	0.80	0.90	1.00	1.27	1.43

六-5 地下混凝土连续墙造孔

适用范围：墙厚≤0.8m，孔深 40m 以内。

工作内容：钻孔、清孔、制浆、换浆、出渣。

单位：100m² 阻水面积

项目	单位	地层								
		粘土	砂壤土	粉细砂	中粗砂	砾石	卵石	漂石	岩石	
									<10MPa	10~30MPa
人工	工时	1869.0	1740.0	3392.0	3044.0	2854.0	3292.0	3769.0	3429.0	7039.0
锯材	m^3	1.13	1.13	1.13	1.13	1.13	1.13	1.13	1.13	1.13
水	m^3	701.00	702.00	1409.00	1207.00	1106.00	1409.00	1712.00	1510.00	2520.00
钢材	kg	110.00	91.00	323.00	197.00	182.00	282.00	349.00	265.00	588.00
电焊条	kg	83.00	69.00	244.00	150.00	137.00	214.00	265.00	202.00	445.00
碱粉	kg	773.00	796.00	1598.00	1369.00	1254.00	1597.00	1940.00	1712.00	1712.00
粘土	t	108.00	114.00	230.00	196.00	179.00	230.00	277.00	245.00	245.00
其他材料费	%	1	1	1	1	1	1	1	1	1

续表

项目	单位	地层								
		粘土	砂壤土	粉细砂	中粗砂	砾石	卵石	漂石	岩石	
									<10MPa	10~30MPa
冲击钻 CZ-22型	台时	210.00	188.00	382.00	302.00	278.00	368.00	424.00	408.00	904.00
电焊机 交流 30kVA	台时	106.00	88.00	282.00	191.00	175.00	246.00	305.00	256.00	568.00
灌浆泵 中压泥浆	台时	75.00	78.00	156.00	133.00	123.00	156.00	180.00	166.00	166.00
泥浆搅拌机	台时	151.00	155.00	311.00	267.00	244.00	311.00	378.00	334.00	334.00
空压机 $6m^3/min$	台时	24.50	24.50	24.50	24.50	24.50	24.50	24.50	24.50	24.50
自卸汽车 5t	台时	9.00	9.00	19.00	17.00	16.00	19.00	23.00	17.00	37.00
载重汽车 5t	台时	22.00	19.00	64.00	39.00	36.00	55.00	70.00	53.00	117.00
汽车起重机 16t	台时	16.70	16.70	16.70	16.70	16.70	16.70	16.70	16.70	16.70
其他机械费	%	4	4	4	4	4	4	4	4	4
定额编号		06024	06025	06026	06027	06028	06029	06030	06031	06032

六-6 基础固结灌浆

工作内容：冲洗、制浆、灌浆、封孔、孔位转移，以及检查孔的压水试验、灌浆。

单位：100m

项目	单位	透水率(Lu)				
		≤2	2~4	4~6	6~8	>8
人工	工时	450.0	455.0	470.0	490.0	550.0
水泥	t	2.30	3.20	4.10	5.70	8.70
水	m^3	481.00	528.00	565.00	610.00	715.00
其他材料费	%	15	15	14	14	13
灌浆泵 中压泥浆	台时	92.00	93.00	96.00	100.00	112.00
灰浆搅拌机	台时	84.00	85.00	88.00	92.00	104.00
胶轮架子车	台时	13.00	17.00	22.00	31.00	47.00
其他机械费	%	5	5	5	5	5
定额编号		06033	06034	06035	06036	06037

六-7　坝基岩石帷幕灌浆

适用范围：孔深 30m 以内，露天作业。

工作内容：洗孔、压水、制浆、灌浆、封孔、孔位转移，以及检查孔的压水试验、灌浆。

单位：100m

项　　目	单位	透水率(Lu)							
		<2	2~4	4~6	6~8	8~10	10~20	20~50	50~100
人　　工	工时	858.0	871.0	892.0	1082.0	1300.0	1515.0	1756.0	2053.0
水　　泥	t	2.90	3.90	4.90	6.90	8.90	10.40	12.40	15.40
水	m^3	619.00	639.00	659.00	679.00	699.00	789.00	1079.00	1559.00
其他材料费	%	15	15	14	14	13	13	12	12
灌 浆 泵　中压泥浆	台时	163.40	165.80	169.50	204.00	243.70	282.90	326.70	380.60
灰浆搅拌机	台时	139.30	141.70	145.40	179.90	209.60	258. 80	302. 60	356. 50
地 质 钻 机　150 型	台时	22.80	22.80	22.80	22.80	22.80	22.80	22.80	22.80
胶轮架子车	台时	15.00	19.80	25.20	35.40	46.20	53.40	64.20	79.80
其他机械费	%	5	5	5	5	5	5	5	5
定　额　编　号		06038	06039	06040	06041	06042	06043	06044	06045

六-8 高压摆喷灌浆

适用范围：无水头情况下，三管法施工。

工作内容：高喷台车就位、安装孔口、安管路、喷射灌浆、管路冲洗、台车移开、回灌，质量检查。

单位：100m

项目	单位	地层类别			
		粘土	砂	砾石	卵石
人工	工时	735.0	564.0	649.0	820.0
水泥	t	30.00	35.00	40.00	50.00
粘土	m^3				17.00
砂	m^3				10.00
水	m^3	600.00	700.00	750.00	950.00
水玻璃	t				1.25
锯材	m^3	0.15	0.15	0.15	0.15
喷射管	m	1.80	1.50	1.50	2.00
电焊条	kg	5.00	5.00	5.00	7.50
高压胶管	m	8.00	6.00	8.00	10.00
普通胶管	m	8.00	7.00	7.00	10.00
其他材料费	%	5	5	5	4

续表

项目	单位	地层类别			
		粘土	砂	砾石	卵石
高压水泵 75kW	台时	41.00	31.00	36.00	52.00
空压机 37kW	台时	41.00	31.00	36.00	52.00
搅灌机 WJG-80	台时	41.00	31.00	36.00	52.00
卷扬机 5t	台时	41.00	31.00	36.00	52.00
泥浆泵 HB80/10 型	台时	41.00	31.00	36.00	52.00
孔口装置	台时	41.00	31.00	36.00	52.00
高喷台车	台时	41.00	31.00	36.00	52.00
螺旋输送机 168×5	台时	41.00	31.00	36.00	52.00
电焊机 25kVA	台时	12.00	12.00	12.00	16.00
胶轮架子车	台时	346.00	404.00	433.00	519.00
其他机械费	%	3	3	3	3
定额编号		06046	06047	06048	06049

注:1.有水头情况下喷灌,除按设计要求增加速凝剂外,人工及机械(不含电焊机)数量乘以 1.05 系数。

2.本定额按灌纯水泥浆(卵石及漂石地层浆液中加粘土、砂)制定,如设计采用其他浆液或掺合料(如粉煤灰),浆液材料应调整。

3.高压定喷、旋喷定额,按高压摆喷定额分别乘以 0.75、1.25 系数。

4.孔口装置即旋、定、摆、提升装置。

六-9 灌注混凝土桩

工作内容：安折导管及漏斗、混凝土配料、拌和、运输、灌注、剔桩头。

单位：100m³

项目	单位	成孔型式	
		人工挖孔	冲击钻造孔
人工	工时	1352.4	1901.4
混凝土	m³	(102.00)	
水下混凝土	m³		(127.20)
水泥	t	31.93	53.68
中（粗）砂	m³	57.10	58.50
碎石 ≤40mm	m³	89.80	94.10
水	m³	20.00	30.00
其他材料费	%	2	2
搅拌机 0.4m³	台时	40.30	50.61
卷扬机 5t	台时	52.96	67.02
载重汽车 5t	台时	1.41	1.87
其他机械费	%	5	5
混凝土运输	m³	102	127
定额编号		06050	06051

六-10　地下连续墙混凝土浇筑

工作内容：配料、拌和、浇筑、装拆导管、搭拆浇筑平台等。

单位：100m³

项　　目	单位	数　量
人　　工	工时	581.0
水下混凝土	m³	(136.25)
水　　泥	t	57.50
中(粗)砂	m³	62.66
碎　　石　≤40mm	m³	100.80
水	m³	32.13
锯　　材	m³	0.66
钢 导 管	kg	10.71
橡 皮 板	kg	21.42
其他材料费	%	3
搅 拌 机　0.4m³	台时	19.82
胶轮架子车	台时	91.58
汽车起重机　8t	台时	16.07
载重汽车　5t	台时	0.54
其他机械费	%	2
混凝土运输	m³	136
定 额 编 号		06052

六-11 水泥搅拌桩

工作内容:准备机具、移动钻机、钻孔、搅拌并注入水泥浆。

单位:$100m^3$

项目	单位	水泥掺入比例	
		水泥掺入比 12%	每增加 1%
人工	工时	401.7	
水泥	t	23.63	1.97
水	m^3	100.00	8.30
铁窗纱	m^2	3.00	
石膏粉	kg	472.70	39.40
其他材料费	%	5	
工程钻机	台时	33.48	
泥浆搅拌机	台时	33.48	
多级离心泵 40kW	台时	33.48	
灰浆输送泵 $3m^3/h$	台时	33.48	
其他机械费	%	5	
定额编号		06053	06054

六-12　振冲碎石桩

适用范围:孔深≤8m。

工作内容:准备、造孔、填料、冲孔、填写记录等。

单位:100m

项　　目	单位	地层类别				
		粉细砂	中粗砂	砂壤土	淤泥	粘土
人　　工	工时	104.0	114.0	133.0	163.0	222.0
卵(碎)石　5~50mm	m^3	96.00	94.00	92.00	96.00	90.00
其他材料费	%	5	5	5	5	5
汽车起重机　16t	台时	13.20	14.30	16.50	20.10	26.20
振　冲　器　ZCQ-30	台时	10.30	11.40	13.60	17.20	27.60
离心水泵　14kW	台时	10.30	11.40	13.60	17.20	27.60
泥　浆　泵　4kW	台时	10.30	11.40	13.60	17.20	27.60
装　载　机　$1m^3$	台时	10.30	11.40	13.60	17.20	27.60
其他机械费	%	5	5	5	5	5
定　额　编　号		06055	06056	06057	06058	06059

六-13　抗滑桩

适用范围：人工挖孔。

工作内容：1.挖土方桩孔：挖、装、运、卸、空回。

2.挖石方桩孔：打眼、爆破、清理、解小、装、运、卸、空回。

3.混凝土浇筑：模板制、安、拆，混凝土配料、拌和、运输、浇筑、振捣、养护。

单位：100m^3

项　　目		单 位	桩孔土石方开挖		护壁混凝土浇筑	桩身混凝土浇筑
			Ⅲ～Ⅳ	Ⅴ～Ⅸ		
人　工		工时	739.0	1217.0	2745.6	1176.0
锯　材		m^3	0.05	0.06		
空心钢		kg		13.00		
铅　丝		kg	0.10	0.10		
合金钻头		个		11.85		
铁　件		kg	10.00	10.10		
炸　药		kg		72.00		
导火线		m		299.00		
火雷管		个		169.00		
水		m^3			132.70	83.40
水　泥		t			29.76	28.09
中(粗)砂		m^3			58.90	56.80
碎　石		m^3			89.30	92.50
其他材料费		%	9	9	9	9
卷扬机	3t	台时	86.52	144.20	41.82	41.82
空压机	9m^3/min	台时	14.42	54.08		
搅拌机	0.4m^3	台时			45.42	45.42
振捣器	插入式	台时			90.13	90.13
风　钻	气腿式	台时		162.23		
锻钎机	$d \leq 90$mm	台时		10.09		
圆盘锯	$d \leq 500$mm	台时			12.26	
单面刨床	$B \leq 600$mm	台时			2.88	
其他机械费		%	2	2	2	2
定额编号			06060	06061	06062	06063

六-14　钢筋(轨)笼制作吊装

适用范围:混凝土灌注桩、地下混凝土连续墙、抗滑桩。

工作内容:1.制作:钢筋调直、除锈、切断、弯制及绑扎;旧钢轨截割、弯曲、拼(焊)接。

2.吊装:钢筋(轨)笼由制作平台运至施工场地起吊、焊接、安放入孔(槽)等。

单位:1t

项　　目	单位	钢筋笼	钢轨笼
人　　工	工时	160.0	137.9
钢　　筋	t	1.03	
旧 钢 轨	t		1.01
电 焊 条	kg	4.00	4.10
铅　　丝	kg	5.40	9.50
电　　石	kg		27.20
煤	t		0.10
氧　　气	m^3		20.76
其他材料费	%	1	3
钢筋调直机　14kW	台时	0.70	
钢筋弯曲机　Φ40mm	台时	1.20	
钢筋切断机　20kW	台时	0.50	
电 焊 机　25kVA	台时	9.30	9.00
汽车起重机　20t	台时	2.50	2.50
其他机械费	%	10	10
定　额　编　号		06064	06065

第七章

机 械 固 沙 工 程

说　明

一、本章包括土石压盖,防沙土墙,柴草、树枝条沙障等定额共12节、38个子目。适用于水土保持一般防风固沙治理工程。

二、本章定额压盖按平方米计量;沙障除防沙土墙按压实方计量外,其他按延长米计量。

三、压盖定额压实厚度均为压实后的成品厚度,使用时不再换算。

四、各节定额除已规定的工作内容外,还包括场内运输及操作损耗在内。

七-1 粘土压盖

适用范围:全面平铺式沙障。

工作内容:铺料、整平、压实。

单位:100m²

项目	单位	压盖厚度(cm)			
		3	4	5	6
人工	工时	13.7	18.3	22.9	27.5
粘土	m^3	4.21	5.62	7.02	8.42
其他材料费	%	1.2	1.2	1.2	1.2
光轮压路机 8~10t	台时	0.22	0.22	0.22	0.22
定额编号		07001	07002	07003	07004

七-2 泥墁压盖

适用范围:全面平铺式沙障。

工作内容:拌浆、自流压盖。

单位:100m²

项目	单位	泥墁厚度(cm)			
		3	4	5	6
人工	工时	13.1	23.7	29.6	35.5
粘土	m^3	3.12	5.62	7.02	8.42
水	m^3	17.47	31.45	39.31	47.17
其他材料费	%	2	2	2	2
泥浆搅拌机	台时	6.57	11.83	14.79	17.75
其他机械费	%	10	10	10	10
定额编号		07005	07006	07007	07008

七-3　砂砾压盖

适用范围:全面平铺式沙障。

工作内容:铺料、整平、压实。

单位:$100m^2$

项　　目	单位	压盖厚度(cm)			
		3	4	5	6
人　　工	工时	14.5	19.3	24.2	29.0
砂　　砾	m^3	4.04	5.39	6.73	8.08
其他材料费	%	1.2	1.2	1.2	1.2
光轮压路机　8~10t	台时	0.22	0.22	0.22	0.22
定　额　编　号		07009	07010	07011	07012

七-4　卵石压盖

适用范围:全面平铺式沙障。

工作内容:铺料、整平、压实。

单位:$100m^2$

项　　目	单位	压盖厚度(cm)			
		3	4	5	6
人　　工	工时	13.6	18.2	22.7	27.2
卵　　石	m^3	3.79	5.06	6.32	7.59
其他材料费	%	1.2	1.2	1.2	1.2
光轮压路机　8~10t	台时	0.22	0.22	0.22	0.22
定　额　编　号		07013	07014	07015	07016

七-5 防沙土墙

适用范围:带状高立式沙障,墙高 0.5~1.0m。

工作内容: 准备料具、立墙板、洒水、上土、夯实。

单位:100m³ 实方

项目	单位	数量
人工	工时	567.6
粘土	m³	140
其他材料费	%	2.5
定额编号		07017

七-6 粘土埂

适用范围:带状低立式沙障,埂底宽 0.6~0.8m。

工作内容:人工堆土埂、拍实。

单位:100m

项目	单位	高度 (m)			
		0.2	0.25	0.3	0.35
人工	工时	52.1	65.1	78.1	91.1
粘土	m³	15.8	19.7	23.7	27.6
其他材料费	%	1.2	1.2	1.2	1.2
定额编号		07018	07019	07020	07021

七-7　高立式柴草沙障

适用范围：带状沙障。

工作内容：挖沟、竖埋柴草、扶正踩实。

单位：100m

项　　目	单位	高　度　(m)		
		0.5	0.75	1.0
人　　工	工时	57.3	58.4	59.5
柴　　草	kg	1470	2100	2730
其他材料费	%	0.4	0.4	0.4
定　额　编　号		07022	07023	07024

七-8　低立式柴草沙障

适用范围：带状沙障，草方格沙障。

工作内容：铺放、踩压、扶正、基部培沙。

单位：100m

项　　目	单位	高　度　(m)	
		0.2	0.3
人　　工	工时	4.1	4.1
柴　　草	kg	35	50
其他材料费	%	0.2	0.2
定　额　编　号		07025	07026

七-9 立杆串草把沙障

适用范围:带状沙障。

工作内容:插树棍、串草把、基部培沙。

单位:100m

项 目	单 位	高 度 (m)	
		0.5	1.0
人 工	工时	79.0	79.0
原 木	m^3	0.66	1.16
麦 草	kg	824	1649
铅 丝 12#	kg	5.9	5.9
其他材料费	%	0.2	0.2
定 额 编 号		07027	07028

七-10 立埋草把沙障

适用范围:带状沙障。

工作内容:挖沟、埋草把、基部培沙。

单位:100m

项 目	单 位	高 度 (m)	
		0.2	0.3
人 工	工时	54.0	54.0
麦 草	kg	659	907
其他材料费	%	0.2	0.2
定 额 编 号		07029	07030

七-11　立杆编织条沙障

适用范围:带状沙障。

工作内容:插树棍、编织柳条。

单位:100m

项　　目	单位	高　度　(m)	
		0.5	1.0
人　　工	工时	74.8	74.8
原　　木	m^3	0.58	1.07
树　枝　条	kg	233	466
铅　　丝　$12^{\#}$	kg	3.9	6.5
其他材料费	%	0.2	0.2
定　额　编　号		07031	07032

七-12　防沙栅栏

(1)　柳笆栅栏

适用范围:带状沙障。

工作内容:制桩、打桩、人工编柳笆、安装柳笆。

单位:100m

项　　目	单位	高　度　(m)	
		1.2	1.5
人　　工	工时	133.8	183.0
原　　木	m^3	0.41	0.52
柳　　条	kg	996	1226
铅　　丝　$8\sim12^{\#}$	kg	12.7	19.1
其他材料费	%	3	3
定　额　编　号		07033	07034

(2) 高秆作物秸秆栅栏

适用范围：带状沙障。

工作内容：栽桩、人工束捆、加横挡、基部培沙。

单位：100m

项　　目	单位	高　度　(m)	
		1.2	1.5
人　　工	工时	24.5	24.5
原　　木	m^3	0.58	0.69
玉 米 秸	kg	300	369
铅　　丝　8~12#	kg	6.8	6.8
其他材料费	%	3	3
定　额　编　号		07035	07036

(3) 树枝栅栏

适用范围：带状沙障。

工作内容：栽桩、人工束捆、加横挡、基部培沙。

单位：100m

项　　目	单位	高　度　(m)	
		0.7	1.3
人　　工	工时	24.5	24.5
原　　木	m^3	0.58	0.69
树　　枝	kg	400	500
铅　　丝　8~12#	kg	6.8	6.8
其他材料费	%	3	3
定　额　编　号		07037	07038

第八章

林 草 工 程

说　　明

一、本章包括带状整地、穴状整地、块状整地、全面整地、直播种草、草皮铺种、苗圃、直播造林、植苗造林、分殖造林、飞播造林草、人工换土、假植、绿化工程的栽植乔木、灌木、绿篱和种植花卉等定额共28节、189个子目，适用于水土保持植物措施整地工程和植物栽种工程。

二、土壤的分类：按土、石十六级分类法的Ⅰ~Ⅳ级划分。

三、本章第1节至第6节整地定额及栽植树木定额均以Ⅰ~Ⅱ类土为计算标准，如为Ⅲ类土，人工乘以系数1.34，Ⅳ类土人工乘以系数1.76。本定额以原土回填为准，如需换土，按换土定额计算。

四、定额中整地规格尺寸及苗木行间距为水平距离，面积为水平投影面积。

五、当实际地面坡度介于定额地面坡度之间时，可用插入法调整。

六、水平犁沟间距指上一级外边缘至下一级内边缘的水平距离。定额基本间距为3m，超过时需按增（减）定额进行调整。

七、畜力施工定额中的畜力已折算为人工工时，使用时不再换算调整。

八、本章定额不包括草籽、树籽采集和植物管护等工作内容。草籽、树籽按购买考虑。植物管护工作内容在独立费用中考虑。

九、定额中草籽、树籽用量由于种类、地点和用途不同，用量相差悬殊，定额中仅以范围值列示，使用时应根据设计需要量计算，人工和其他定额不作调整。

十、胸径指地面处至树干1.2m高处的直径，地径指苗干基部土痕处的粗度,苗高指从地面起至梢顶的高度,"XX"年生指从繁殖起至刨苗的树龄。

十一、植苗造林以植苗株数为单位。单位面积植苗株数可根据植苗行、间距进行换算。一坑栽植多株树苗,定额中的树苗按实际量采用,人工和其他定额不作调整。

十二、植物栽种损耗已包括在定额中。乔木、灌木、果树损耗率为2%;容器苗损耗率为3%;草坪4%。植物补植按实际补植量参照种植定额计算。

十三、定额中浇水量是年降雨量为400~600mm的一般地区的用水量,年降雨量小于400mm地区和大于600mm地区用水量按下表中的调整系数调整。

分区	一般地区	年降雨量小于400mm地区	年降雨量大于600mm地区
调整系数	1.00	1.25	0.80

十四、苗圃育苗定额中不包括苗棚、围墙、房屋、道路等工程项目,需要时可根据有关定额另行计算。

十五、飞播定额中飞机为租赁费用,包括飞机使用费、飞行员人工费、燃油费和各种利税。

八-1 水平阶整地

(1) 水平阶整地 (阶宽 0.7m)

适用范围:阶长 4~5m。

工作内容:人工挖土、甩土、填平。

单位:100 个

项目	单位	地面坡度(°)			
		20	30	40	45
人工	工时	51.2	57.8	65.9	70.8
零星材料费	%	5	5	5	5
定额编号		08001	08002	08003	08004

(2) 水平阶整地 (阶宽 1.0m)

适用范围:阶长 4~5m。

工作内容:人工挖土、甩土、填平。

单位:100 个

项目	单位	地面坡度(°)			
		20	30	40	45
人工	工时	77.6	91.0	107.5	117.6
零星材料费	%	3	3	3	3
定额编号		08005	08006	08007	08008

(3) 水平阶整地 (阶宽 1.5m)

适用范围:阶长 4~5m。

工作内容:人工挖土、甩土、填平。

单位:100 个

项目	单位	地面坡度(°)			
		20	30	40	45
人工	工时	130.8	145.3	161.0	178.3
零星材料费	%	2	2	2	2
定额编号		08009	08010	08011	08012

八-2 反坡梯田整地

适用范围:田面宽 2~3m,长 5~6m。

工作内容:人工挖土、甩土、填平、修整。

单位:100 个

项目	单位	地面坡度(°)				
		10	20	30	40	45
人工	工时	171.3	285.5	460.2	787.7	1104.2
零星材料费	%	1	1	1	1	1
定额编号		08013	08014	08015	08016	08017

八–3　水平沟整地

适用范围：沟上口宽 0.5~0.8m，底宽 0.3~0.5m，土埂顶宽 0.2~0.3m，长 4 ~6m。

工作内容：人工挖土、翻土、培埂、修整。

单位：100 个

项　　目	单位	地面坡度(°)				
		20	30	40	45	50
人　　工	工时	99.6	137.4	208.5	277.6	413.6
零星材料费	%	1	1	1	1	1
定　额　编　号		08018	08019	08020	08021	08022

八–4　鱼鳞坑整地

适用范围：小鱼鳞坑：长径 0.6~0.8m，短径 0.4~0.5m，坑深 0.5m。

大鱼鳞坑：A：长径 1.0m，短径 0.6m，坑深 0.6m。

B：长径 1.5m，短径 1.0m，坑深 0.6m。

工作内容：人工挖土、培埂。

单位：100 个

项　　目	单位	小鱼鳞坑	大鱼鳞坑	
			A	B
人　　工	工时	35.2	63.2	203.2
零星材料费	%	9	3	1
定　额　编　号		08023	08024	08025

八-5 穴状(圆形)整地

工作内容:人工挖土、翻土、碎土。

单位:100个

项目	单位	穴径×坑深(cm×cm)			
		30×30	40×40	50×50	60×60
人工	工时	3.9	9.2	18.0	31.1
零星材料费	%	10	10	10	10
定额编号		08026	08027	08028	08029

八-6 块状(方形)整地

工作内容:人工挖土、翻土、碎土。

单位:100个

项目	单位	边长×边长×坑深(cm×cm×cm)			
		30×30×30	40×40×40	50×50×50	60×60×60
人工	工时	4.7	14.7	22.9	39.6
零星材料费	%	10	10	10	10
定额编号		08030	08031	08032	08033

八-7 水平犁沟整地

(1) 人力施工

适用范围:沟深0.2~0.4m,上口宽0.4~0.5m。

工作内容:人工上下翻土、打隔挡。

单位:hm²

项　　目	单位	Ⅰ~Ⅱ类土	Ⅲ类土	Ⅳ类土	间距每增加1m
人　　工	工时	257	345	453	-3
零星材料费	%	2	2	2	
定　额　编　号		08034	08035	08036	08037

(2) 机械施工

适用范围:沟深0.2~0.4m,上口宽0.4~0.5m。

工作内容:拖拉机牵引铧犁上下翻土、人工打隔挡。

单位:hm²

项　　目	单位	Ⅰ~Ⅱ类土	Ⅲ类土	Ⅳ类土	间距每增加1m
人　　工	工时	29	30	32	-4
零星材料费	%	22	22	22	
拖　拉　机　37kW	台时	2	3	3	-0.4
定　额　编　号		08038	08039	08040	08041

八-8 全面整地

(1) 畜力施工

适用范围:全面整地,耕深0.2~0.3m。

工作内容:人工施肥、畜力耕翻地。

单位:hm^2

项目	单位	Ⅰ~Ⅱ类土	Ⅲ类土	Ⅳ类土
人工	工时	328	639	1068
农家土杂肥	m^3	1	1	1
其他材料费	%	13	13	13
定额编号		08042	08043	08044

(2) 机械施工

适用范围:全面整地,耕深0.2~0.3m。

工作内容:人工施肥,拖拉机牵引铧犁耕翻地。

单位:hm^2

项目	单位	Ⅰ~Ⅱ类土	Ⅲ类土	Ⅳ类土
人工	工时	19	19	19
农家土杂肥	m^3	1	1	1
其他材料费	%	13	13	13
拖拉机 37kW	台时	8	10	11
定额编号		08045	08046	08047

八-9 直播种草

工作内容：条播：种子处理、人工开沟、播草籽、镇压。

穴播：种子处理、人工挖穴、播草籽、踩压。

撒播：种子处理、人工撒播草籽、不覆土或用耙、耱、石磙子碾等方法覆土。

(1) 条 播

单位：hm^2

项 目	单位	行 距 (cm)			
		15	20	25	30
人 工	工时	190.0	153.0	130.0	115.0
草 籽	kg	10~80	10~80	10~80	10~80
其他材料费	%	5	5	5	5
定 额 编 号		08048	08049	08050	08051

(2) 穴 播

单位：hm^2

项 目	单位	穴 距 (cm)			
		15	20	25	30
人 工	工时	327.0	206.0	150.0	120.0
草 籽	kg	10~80	10~80	10~80	10~80
其他材料费	%	5	5	5	5
定 额 编 号		08052	08053	08054	08055

(3) 撒 播

单位：hm^2

项 目	单位	撒 播	
		不覆土	覆土
人 工	工时	15.0	60.0
草 籽	kg	10~80	10~80
其他材料费	%	3	5
定 额 编 号		08056	08057

八-10 草皮铺种

(1) 园林草皮铺种

工作内容:铺草皮:翻土整地、清除杂物、搬运草皮、铺草皮、浇水、清理。

栽　草:挖坑或沟、栽草、拍紧、浇水、清理。

播草籽:翻松土壤、播草籽、拍实、浇水、清理。

单位:100m²

项　　目	单位	铺　草　皮		栽　草	播草籽
		散　铺	满　铺		
人　　工	工时	61.0	84.0	14.0	25.0
草　　皮	m^2	37.00	110.00	10.00	
草　　籽	kg				1~2
水	m^3	3.00	3.00	1.50	1.50
其他材料费	%	5	5	4	5
定　额　编　号		08058	08059	08060	08061

(2) 护坡草皮铺种

工作内容:铺草皮:清理边坡、搬运草皮、铺草皮、拍紧、钉木橛子、浇水、清理。

栽　草:挖坑或沟、栽草、拍紧、浇水、清理。

单位:100m²

项　　目	单位	铺　草　皮		栽草
		散　铺	满　铺	
人　　工	工时	31.0	44.0	8.0
草　　皮	m^2	37.00	110.00	8.00
水	m^3	2.00	2.00	1.00
其他材料费	%	15	20	4
定　额　编　号		08062	08063	08064

八-11　喷播植草

适用范围:路基边坡绿色防护工程。

工作内容:清理边坡、拌料、现场喷播、铺设无纺布、清理场地、初期养护。

单位:100m^2

项　　目		单位	路堤土质边坡	路堑土质边坡
人　　工		工时	6.20	7.40
混合草籽		kg	2.50	2.80
纸浆纤维(绿化用)		kg	24.00	27.40
保水剂(绿化用)		kg	0.10	0.20
复合肥料		kg	10.00	15.00
无纺布 18g		kg	120.00	120.00
粘合剂(绿化用)		kg	0.20	0.40
水		m^3	10.00	11.30
其他材料费		%	4	4
液压喷播植草机	≤4000L	台时	0.24	0.24
载货汽车	≤6t	台时	0.24	0.24
洒水汽车	≤5000L	台时	2.24	2.56
单级离心清水泵	≤12.5m^3/h 20m	台时	1.28	1.44
定　额　编　号			08065	08066

八-12　苗圃育苗

工作内容：细致整地、施肥、土壤和种子处理、播种、管理、浇水、起苗。

单位：100m²

项　　目	单位	1年生	1.5年生	2年生
人　　工	工时	148.0	192.0	231.0
树　　籽	kg	1~15	1~15	1~15
水	m^3	20.00	28.00	36.00
化　　肥	kg	4.00	5.50	7.00
其他材料费	%	8	8	8
定　额　编　号		08067	08068	08069

八–13 直播造林

工作内容:条播:种子处理、开沟、播种、覆土、镇压。
穴播:种子处理、人工挖穴、播种、覆土、踩实。
撒播:种子处理、人工撒播树种。

(1) 条 播

单位:hm^2

项 目	单位	行 距 (m)				
		1	1.5	2	2.5	3
人 工	工时	97.0	80.0	68.0	60.0	55.0
树 籽	kg	10~150	10~150	10~150	10~150	10~150
其他材料费	%	5	5	5	5	5
定 额 编 号		08070	08071	08072	08073	08074

(2) 穴 播

单位:hm^2

项 目	单位	株 距×行 距 (m)					
		1×1	1×2	1.5×2	2×2	2×3	3×3
人 工	工时	200.0	120.0	93.0	80.0	66.0	58.0
树 籽	kg	10~150	10~150	10~150	10~150	10~150	10~150
其他材料费	%	4	4	4	4	4	4
定 额 编 号		08075	08076	08077	08078	08079	08080

(3) 撒 播

单位:hm^2

项 目	单位	数 量
人 工	工时	18.0
树 籽	kg	10~150
其他材料费	%	2
定 额 编 号		08081

八-14 植苗造林

工作内容：挖坑、栽植、浇水、覆土保墒、清理。

单位：100 株

项目	单位	乔木								
		地径（cm）				胸径（cm）				
		0.3	0.6	1	2	4	6	8	10	12
人工	工时	5.0	7.0	13.0	19.0	24.0	42.0	73.0	122.0	186.0
乔木	株	102	102	102	102	102	102	102	102	102
水	m^3	0.20	0.40	1.00	1.50	2.00	3.00	6.00	8.00	12.00
其他材料费	%	5	5	4	4	3	3	2	2	2
定额编号		08082	08083	08084	08085	08086	08087	08088	08089	08090

续表

项目	单位	灌木						容器苗栽植	缝植
		冠丛高（cm）							
		30	60	100	150	200	250		
人工	工时	6.0	11.0	20.0	25.0	46.0	81.0	2.5	4.0
灌木	株	102	102	102	102	102	102		
树苗	株								103
容器苗	株							103	
水	m^3	0.30	0.70	1.50	2.00	3.00	6.00		
其他材料费	%	2	2	4	4	5	5	2	2
定额编号		08091	08092	08093	08094	08095	08096	08097	08098

八-15　分殖造林

工作内容:坑植:挖坑、栽植。

孔植:钻孔、插条、插干。

单位:100 株

项目	单位	插条		插干		高杆造林	
		坑植	孔植	坑植	孔植	坑植	孔植
人工	工时	18.0	6.0	30.0	10.0	60.0	16.0
插穗	株	102	102	102	102		
高杆	株					102	102
其他材料费	%	2	2	2	2	2	2
定额编号		08099	08100	08101	08102	08103	08104

八-16　栽植果树、经济林

工作内容：挖坑、施基肥(化肥)、栽植、浇水、清理。

单位：100 株

项　　目	单位	挖坑直径×坑深（cm×cm）	
		80×80	100×100
人　　工	工时	195.0	336.0
果木苗	株	102	102
水	m^3	2.50	4.00
化　　肥	kg	30.00	40.00
其他材料费	%	5	5
定额编号		08105	08106

注：本定额适用于需挖大果树坑的树种，普通果木、经济树种参照植苗造林定额，化肥参考本定额用量。

八-17　飞机播种林、草

工作内容：地面查勘、种子调运、种子处理、地面导航、飞播、清理现场。

单位：$100hm^2$

项　　目	单位	飞机播种林、草
人　　工	工时	120.0
飞　　机	元	3400.0
树籽、草籽	kg	800～2500
其他材料费	%	10
定额编号		08107

八-18　栽植带土球灌木

工作内容：挖坑、栽植、浇水、覆土保墒、整形、清理。

单位：100 株

项目	单位	土球直径（cm）				
		20	30	40	50	60
		挖坑直径×坑深（cm×cm）				
		40×30	50×40	60×40	70×50	90×50
人工	工时	24.0	46.0	78.0	96.0	190.0
灌木(带土球)	株	102	102	102	102	102
水	m^3	2.00	2.00	4.00	6.00	8.00
定额编号		08108	08109	08110	08111	08112

八-19 栽植带土球乔木

工作内容：挖坑、栽植、浇水、覆土保墒、整形、清理。

单位：100 株

项目	单位	土球直径（cm）				
		20	30	40	50	60
		挖坑直径×坑深（cm×cm）				
		40×30	50×40	60×40	70×50	90×50
人工	工时	24.0	46.0	76.0	90.0	180.0
乔木（带土球）	株	102	102	102	102	102
水	m^3	2.00	2.00	4.00	6.00	8.00
定额编号		08113	08114	08115	08116	08117

八-20　栽植绿篱

工作内容：开沟、排苗、回土、筑水堰、浇水、覆土、整形、清理。

(1)　单　排

单位：100 延米

项目	单位	绿篱(单排)高 (cm)					
		40	60	80	100	120	150
		挖沟槽宽×槽深 (cm×cm)					
		25×25	30×25	35×30	40×35	45×35	45×40
人工	工时	27.0	33.0	44.0	60.0	68.0	78.0
绿篱	m	102.00	102.00	102.00	102.00	102.00	102.00
水	m^3	1.20	1.60	2.00	2.40	3.20	4.00
定额编号		08118	08119	08120	08121	08122	08123

(2) 双 排

单位:100 延米

项 目	单位	绿篱(双排)高 (cm)			
		40	60	80	100
		挖 沟 槽 宽×槽 深 (cm×cm)			
		30×25	35×30	40×35	50×40
人 工	工时	34.0	48.0	64.0	91.0
绿 篱	m	204.00	204.00	204.00	204.00
水	m^3	1.60	2.00	2.40	3.20
定 额 编 号		08124	08125	08126	08127

八-21　栽植攀缘植物

工作内容：挖坑、栽植、回土、捣实、浇水、覆土、整理、施肥。

单位：100 株

项目	单位	栽植攀缘植物			
		3 年生	4 年生	5 年生	6~8 年生
人工	工时	7.5	9.0	18.0	27.0
攀缘植物	株	102	102	102	102
肥料	kg	5.50	5.50	5.50	5.50
水	m^3	1.10	1.20	1.35	1.50
定额编号		08128	08129	08130	08131

八－22　花卉栽植

工作内容：翻土整地、清除杂物、施基肥、放样、栽植、浇水、清理。

单位：100m²

项　　目	单位	露地花卉栽植			
		草本花	木本花	球、块根类	花　坛
人　　工	工时	72.0	56.0	63.0	105.0
花　　苗	株	2500	630	1100	7000
水	m^3	4.00	2.00	2.40	4.00
有机肥（土杂肥）	m^3	1.25	0.63	1.10	3.50
定　额　编　号		08132	08133	08134	08135

八-23　幼林抚育

工作内容:松土、除草、培垄、定株、修枝、施肥、浇水、喷药等抚育工作。

单位:每公顷年

项　　目	单位	第1年	第2年	第3年
人　　工	工时	144.0	112.0	88.0
零星材料费	%	40	30	30
定　额　编　号		08136	08137	08138

注:第1年抚育2次,第2、3年各抚育1次。

八-24　成林抚育

工作内容:中耕除草、修枝、施肥、浇水、喷药等抚育工作。

单位:每公顷年

项　　目	单位	成林抚育
人　　工	工时	64.0
零星材料费	%	20
定　额　编　号		08139

八-25 人工换土

工作内容：装、运土到坑边(包括50m运距)。

(1) 带土球乔、灌木

单位：100株

项目	单位	乔、灌木土球直径 (cm)				
		20	30	40	50	60
		挖坑直径×坑深 (cm×cm)				
		40×30	50×40	60×40	70×50	90×50
人工	工时	8.6	18.0	26.0	44.4	72.8
种植土	m^3	5.40	11.20	16.20	27.50	45.50
定额编号		08140	08141	08142	08143	08144

(2) 裸根乔木

单位：100株

项目	单位	裸根乔木胸径 (cm)				
		4	6	8	10	12
		挖坑直径×坑深 (cm×cm)				
		40×30	50×40	60×50	80×50	90×60
人工	工时	8.6	18.0	32.3	57.4	87.4
种植土	m^3	5.40	11.20	20.20	35.90	54.60
定额编号		08145	08146	08147	08148	08149

(3) 裸根灌木

单位:100 株

<table>
<tr><td rowspan="4">项 目</td><td rowspan="4">单位</td><td colspan="4">裸根灌木冠丛高 （cm）</td></tr>
<tr><td>100</td><td>150</td><td>200</td><td>250</td></tr>
<tr><td colspan="4">挖 坑 直 径×坑 深 （cm×cm）</td></tr>
<tr><td>30×30</td><td>40×30</td><td>50×40</td><td>60×50</td></tr>
<tr><td>人 工</td><td>工时</td><td>4.8</td><td>8.6</td><td>18.0</td><td>32.3</td></tr>
<tr><td>种 植 土</td><td>m^3</td><td>3.00</td><td>5.40</td><td>11.20</td><td>20.20</td></tr>
<tr><td colspan="2">定 额 编 号</td><td>08150</td><td>08151</td><td>08152</td><td>08153</td></tr>
</table>

(4) 草坪、花草

单位:$100m^2$

项 目	单位	土厚 30cm
人 工	工时	95.7
种 植 土	m^3	33.00
定 额 编 号		08154

(5) 单排绿篱带沟

单位:100 延米

项　　目	单位	栽植绿篱(单排)高 (cm)					
		40	60	80	100	120	150
		挖沟槽宽×槽深 (cm×cm)					
		25×25	30×25	35×30	40×35	45×35	45×40
人　工	工时	7.8	9.3	13.1	17.5	19.6	22.4
种植土	m^3	8.90	10.70	15.00	20.00	22.50	25.70
定额编号		08155	08156	08157	08158	08159	08160

(6) 双排绿篱带沟

单位:100 延米

项　　目	单位	栽植绿篱(双排)高 (cm)			
		40	60	80	100
		挖沟槽宽×槽深 (cm×cm)			
		30×25	35×30	40×35	50×40
人　工	工时	9.3	13.1	17.5	25.0
种植土	m^3	10.70	15.00	20.00	28.60
定额编号		08161	08162	08163	08164

八-26 假　植

工作内容：挖假植沟、埋树苗覆土、管理。

(1) 假植乔木

单位：100 株

项　目	单位	地　径 (cm)			
		0.3	0.6	1	2
人　工	工时	0.8	1.5	4.0	6.0
定　额　编　号		08165	08166	08167	08168

续表

项　目	单位	胸　径 (cm)				
		4	6	8	10	12
人　工	工时	9.0	18.0	32.0	64.0	100.0
定　额　编　号		08169	08170	08171	08172	08173

(2) 假植灌木

单位：100 株

项　目	单位	冠　丛　高 (cm)					
		30	60	100	150	200	250
人　工	工时	1.0	2.0	6.0	9.0	18.0	32.0
定　额　编　号		08174	08175	08176	08177	08178	08179

八-27 树木支撑

工作内容:制桩、运桩、打桩、绑扎。

单位:100 株

项目	单位	树棍桩				
		四脚桩	三脚桩	一字桩	长单桩	短单桩
人工	工时	36.4	27.3	27.3	18.2	9.1
树棍(长 2.2m 左右)	根				100	
树棍(长 1.2m 左右)	根	400	300	300		100
铁丝 12#	kg	10.00	10.00	10.00	5.00	5.00
定额编号		08180	08181	08182	08183	08184

八-28 树干绑扎草绳

工作内容:搬运、绕干、余料清理。

单位:100m 绑扎树长

项目	单位	草绳绕树干胸径(cm)				
		4	6	8	10	12
人工	工时	13.7	15.2	16.6	18.2	19.7
草绳	kg	100	135	170	200	235
定额编号		08185	08186	08187	08188	08189

第九章

梯 田 工 程

说　明

一、本章定额包括人工修筑水平梯田、隔坡梯田、坡式梯田，推土机修筑水平梯田等定额共 12 节、417 个子目，适用于水土保持新建梯田工程。

二、本章定额以公顷(hm^2)为单位，其所指面积均为水平投影面积，包括田面、田坎、蓄水埂、边沟及田间作业道路。隔坡梯田的面积不含隔坡坡地面积。

三、本章定额不含坡面排水系统(水系工程)。

四、本章定额土类分级按土、石十六级分类的Ⅰ~Ⅳ级划分。

五、梯田客土时土方运输单价根据运输方式和运距按第一章相应定额计算。

六、石坎梯田的石坎采用干砌石。拣集石料定额已综合考虑了石料的拣集及搬运用工。购买石料定额中的石料既要计算其用量，又要计算其费用。

七、土石混合坎梯田按设计所选用的土石比例选用本章相应的定额。

八、水平及隔坡梯田按田面宽度划分步距，坡式梯田按田坎间距划分步距。

九-1 人工修筑土坎水平梯田

工作内容：定线、清基、筑坎、保留表土、修平田面、表土还原等。

(1) 地面坡度3°~5°

单位：hm^2

项目	单位	土类级别											
		Ⅰ~Ⅱ				Ⅲ				Ⅳ			
		田面宽度(m)											
		10	20	30	每增加5m	10	20	30	每增加5m	10	20	30	每增加5m
人工	工时	2151	3259	4496	619	2868	4345	5994	825	3728	5649	7792	1072
零星材料费	%	5	5	5		5	5	5		5	5	5	
胶轮架子车	台时	90	135	203	35	120	180	270	45	156	234	351	60
定额编号		09001	09002	09003	09004	09005	09006	09007	09008	09009	09010	09011	09012

(2) 地面坡度 5°~10°

单位:hm^2

项目	单位	土类级别											
		Ⅰ~Ⅱ				Ⅲ				Ⅳ			
		田面宽度(m)											
		8	14	20	每增加 3m	8	14	20	每增加 3m	8	14	20	每增加 3m
人工	工时	3844	5449	7167	859	5125	7265	9557	1146	6663	9445	12423	1489
零星材料费	%	4	4	4		4	4	4		4	4	4	
胶轮架子车	台时	104	155	233	78	138	207	311	52	179	269	404	68
定额编号		09013	09014	09015	09016	09017	09018	09019	09020	09021	09022	09023	09024

(3) 地面坡度 10°~15°

单位:hm^2

项目	单位	土类级别											
		Ⅰ~Ⅱ				Ⅲ				Ⅳ			
		田面宽度(m)											
		7	11	15	每增加 2m	7	11	15	每增加 2m	7	11	15	每增加 2m
人工	工时	6512	8790	11158	1184	8683	11720	14877	1579	11288	15236	19340	2053
零星材料费	%	3	3	3		3	3	3		3	3	3	
定额编号		09025	09026	09027	09028	09029	09030	09031	09032	09033	09034	09035	09036

(4) 地面坡度 15°~20°

单位：hm^2

项目	单位	土类级别											
		Ⅰ~Ⅱ				Ⅲ				Ⅳ			
		田面宽度(m)											
		6	8	10	每增加 1m	6	8	10	每增加 1m	6	8	10	每增加 1m
人工	工时	8969	10799	12701	951	11959	14399	16934	1268	15547	18719	22014	1648
零星材料费	%	2	2	2		2	2	2		2	2	2	
定额编号		09037	09038	09039	09040	09041	09042	09043	09044	09045	09046	09047	09048

（5） 地面坡度20°~25°

单位：hm^2

项　目	单位	土类级别								
		Ⅰ~Ⅱ			Ⅲ			Ⅳ		
		田面宽度(m)								
		5	8	每增加1m	5	8	每增加1m	5	8	每增加1m
人　工	工时	11468	15658	1397	15291	20877	1862	19878	27140	2421
零星材料费	%	1	1		1	1		1	1	
定额编号		09049	09050	09051	09052	09053	09054	09055	09056	09057

九-2　人工修筑石坎水平梯田(拣集石料)

工作内容:定线、清基、石料拣集、修砌石坎、保留表土、坎后填膛、修平田面、表土还原等。

(1)　地面坡度 3°~5°

单位:hm^2

项　目	单位	土类级别							
		Ⅲ				Ⅳ			
		田面宽度(m)							
		10	20	30	每增加 5m	10	20	30	每增加 5m
人　工	工时	3235	4712	6374	831	3535	5147	6957	905
零星材料费	%	5	5	5		5	5	5	
胶轮架子车	台时	120	180	270	45	156	234	351	60
定额编号		09058	09059	09060	09061	09062	09063	09064	09065

（2） 地面坡度 5°~10°

单位：hm^2

项 目	单位	土类级别							
		Ⅲ				Ⅳ			
		田面宽度(m)							
		8	14	20	每增加 3m	8	14	20	每增加 3m
人　　工	工时	5907	8061	10342	1141	6470	8826	11314	1244
零星材料费	%	4	4	4		4	4	4	
胶轮架子车	台时	138	207	311	52	179	269	404	68
定额编号		09066	09067	09068	09069	09070	09071	09072	09073

(3) 地面坡度 10°~15°

单位:hm^2

项目	单位	土类级别							
		Ⅲ				Ⅳ			
		田面宽度(m)							
		7	11	15	每增加 2m	7	11	15	每增加 2m
人工	工时	10057	13107	16282	1588	11063	14418	17910	1747
零星材料费	%	3	3	3		3	3	3	
定额编号		09074	09075	09076	09077	09078	09079	09080	09081

（4） 地面坡度 15°～20°

单位：hm^2

项目	单位	土类级别							
		Ⅲ				Ⅳ			
		田面宽度（m）							
		6	8	10	每增加 1m	6	8	10	每增加 1m
人工	工时	13981	16428	18970	1271	15379	18071	20867	1398
零星材料费	%	2	2	2		2	2	2	
定额编号		09082	09083	09084	09085	09086	09087	09088	09089

(5) 地面坡度 20°~25°

单位:hm^2

项目	单位	土类级别					
		Ⅲ			Ⅳ		
		田面宽度(m)					
		5	8	每增加 1m	5	8	每增加 1m
人工	工时	18027	23675	1883	19830	26043	2071
零星材料费	%	1	1		1	1	
定额编号		09090	09091	09092	09093	09094	09095

九-3 人工修筑石坎水平梯田(购买石料)

工作内容:定线、清基、修砌石坎、保留表土、坎后填膛、修平田面、表土还原等。

(1) 地面坡度3°~5°

单位:hm^2

项目	单位	土类级别							
		Ⅲ				Ⅳ			
		田面宽度(m)							
		10	20	30	每增加5m	10	20	30	每增加5m
人工	工时	2787	4247	5884	819	3187	4857	6726	935
块(片)石	m^3	168	175	184	5	168	175	184	5
其他材料费	%	5	5	5		5	5	5	
胶轮架子车	台时	120	180	270	45	156	234	351	60
定额编号		09096	09097	09098	09099	09100	09101	09102	09103

(2) 地面坡度 5°~10°

单位:hm^2

项目	单位	土类级别							
		Ⅲ				Ⅳ			
		田面宽度(m)							
		8	14	20	每增加 3m	8	14	20	每增加 3m
人工	工时	4832	6846	8999	1077	5536	7842	10302	1230
块(片)石	m^3	404	456	504	24	404	456	504	24
其他材料费	%	4	4	4		4	4	4	
胶轮架子车	台时	138	207	311	52	179	269	404	68
定额编号		09104	09105	09106	09107	09108	09109	09110	09111

(3) 地面坡度 10°~15°

单位：hm^2

项 目	单位	土类级别							
		Ⅲ				Ⅳ			
		田面宽度(m)							
		7	11	15	每增加 2m	7	11	15	每增加 2m
人工	工时	7881	10569	13399	1415	9063	12154	15409	1627
块(片)石	m^3	817	953	1082	65	817	953	1082	65
其他材料费	%	3	3	3		3	3	3	
定额编号		09112	09113	09114	09115	09116	09117	09118	09119

(4) 地面坡度 15°~20°

单位：hm^2

项目	单位	土类级别							
		Ⅲ				Ⅳ			
		田面宽度(m)							
		6	8	10	每增加 1m	6	8	10	每增加 1m
人工	工时	10581	12652	14819	1084	12168	14550	17042	1247
块(片)石	m^3	1276	1417	1558	71	1276	1417	1558	71
其他材料费	%	2	2	2		2	2	2	
定额编号		09120	09121	09122	09123	09124	09125	09126	09127

(5) 地面坡度 20°~25°

单位:hm^2

项目	单位	土类级别					
		Ⅲ			Ⅳ		
		田面宽度(m)					
		5	8	每增加 1m	5	8	每增加 1m
人工	工时	13199	17804	1535	15179	20475	1765
块(片)石	m^3	1813	2204	130	1813	2204	130
其他材料费	%	1	1		1	1	
定额编号		09128	09129	09130	09131	09132	09133

九-4　人工修筑土坎隔坡梯田

工作内容：定线、清基、筑坎、保留表土、修平田面、表土还原等。

(1)　地面坡度 15°～20°

单位：hm^2

项目	单位	土类级别											
		Ⅰ～Ⅱ				Ⅲ				Ⅳ			
		田面宽度(m)											
		6	8	10	每增加 1m	6	8	10	每增加 1m	6	8	10	每增加 1m
人工	工时	7624	9179	10795	808	10165	12239	14394	1078	13215	15911	18712	1401
零星材料费	%	2	2	2		2	2	2		2	2	2	
定额编号		09134	09135	09136	09137	09138	09139	09140	09141	09142	09143	09144	09145

（2） 地面坡度 20°~25°

单位：hm^2

项目	单位	土类级别								
		Ⅰ~Ⅱ			Ⅲ			Ⅳ		
		田面宽度(m)								
		5	8	每增加 1m	5	8	每增加 1m	5	8	每增加 1m
人工	工时	9748	13309	1187	12997	17745	1583	16897	23069	2058
零星材料费	%	1	1		1	1		1	1	
定额编号		09146	09147	09148	09149	09150	09151	09152	09153	09154

九-5　人工修筑石坎隔坡梯田(拣集石料)

工作内容:定线、清基、石料拣集、修砌石坎、保留表土、坎后填膛、修平田面、表土还原等。

(1)　地面坡度 15°~20°

单位:hm^2

项目	单位	土类级别							
		Ⅲ				Ⅳ			
		田面宽度(m)							
		6	8	10	每增加 1m	6	8	10	每增加 1m
人工	工时	11884	13964	16125	1080	13072	15360	17737	1188
零星材料费	%	2	2	2		2	2	2	
定额编号		09155	09156	09157	09158	09159	09160	09161	09162

(2) 地面坡度 20°~25°

单位：hm^2

项　目	单位	土类级别					
		Ⅲ			Ⅳ		
		田面宽度(m)					
		5	8	每增加 1m	5	8	每增加 1m
人　工	工时	15323	20124	1601	16855	22136	1761
零星材料费	%	1	1		1	1	
定额编号		09163	09164	09165	09166	09167	09168

九-6 人工修筑石坎隔坡梯田(购买石料)

工作内容:定线、清基、修砌石坎、保留表土、坎后填膛、修平田面、表土还原等。

(1) 地面坡度 15°~20°

单位:hm^2

项目	单位	土类级别							
		Ⅲ				Ⅳ			
		田面宽度(m)							
		6	8	10	每增加 1m	6	8	10	每增加 1m
人工	工时	8994	10754	12596	921	10343	12367	14486	1060
块(片)石	m^3	1276	1417	1558	71	1276	1417	1558	71
其他材料费	%	2	2	2		2	2	2	
定额编号		09169	09170	09171	09172	09173	09174	09175	09176

（2） 地面坡度 20°~25°

单位：hm^2

项目	单位	土类级别					
		Ⅲ			Ⅳ		
		田面宽度（m）					
		5	8	每增加 1m	5	8	每增加 1m
人工	工时	11219	15133	1305	12902	17403	1500
块（片）石	m^3	1813	2204	130	1813	2204	130
其他材料费	%	1	1		1	1	
定额编号		09177	09178	09179	09180	09181	09182

九-7　人工修筑土坎坡式梯田

工作内容：定线、清基、夯实坎基、修筑土坎等。

（1）　地面坡度 3°～5°

单位：hm^2

项　　目	单位	土类级别											
		Ⅰ～Ⅱ				Ⅲ				Ⅳ			
		田坎间距(m)											
		10	20	30	每增加 5m	10	20	30	每增加 5m	10	20	30	每增加 5m
人　　工	工时	758	379	253	-64	1379	690	460	-116	2206	1104	735	-185
零星材料费	%	5	5	5		5	5	5		5	5	5	
定　额　编　号		09183	09184	09185	09186	09187	09188	09189	09190	09191	09192	09193	09194

（2） 地面坡度 5°~10°

单位：hm^2

项 目	单位	土类级别											
		Ⅰ~Ⅱ				Ⅲ				Ⅳ			
		田坎间距(m)											
		8	14	20	每增加 3m	8	14	20	每增加 3m	8	14	20	每增加 3m
人 工	工时	978	559	392	-84	1779	1017	712	-152	2846	1626	1139	-244
零星材料费	%	4	4	4		4	4	4		4	4	4	
定额编号		09195	09196	09197	09198	09199	09200	09201	09202	09203	09204	09205	09206

（3） 地面坡度 10°～15°

单位：hm^2

项目	单位	土类级别											
		Ⅰ～Ⅱ				Ⅲ				Ⅳ			
		田坎间距(m)											
		7	11	15	每增加 2m	7	11	15	每增加 2m	7	11	15	每增加 2m
人工	工时	1153	734	538	-98	2096	1334	978	-178	3354	2134	1565	-285
零星材料费	%	3	3	3		3	3	3		3	3	3	
定额编号		09207	09208	09209	09210	09211	09212	09213	09214	09215	09216	09217	09218

（4） 地面坡度 15°~20°

单位：hm^2

项目	单位	土类级别											
		Ⅰ~Ⅱ				Ⅲ				Ⅳ			
		田坎间距(m)											
		6	8	10	每增加 1m	6	8	10	每增加 1m	6	8	10	每增加 1m
人工	工时	1385	1039	831	-104	2518	1889	1511	-190	4029	3022	2418	-303
零星材料费	%	2	2	2		2	2	2		2	2	2	
定额编号		09219	09220	09221	09222	09223	09224	09225	09226	09227	09228	09229	09230

(5) 地面坡度 20°~25°

单位:hm^2

项目	单位	土类级别								
		Ⅰ~Ⅱ			Ⅲ			Ⅳ		
		田坎间距(m)								
		5	8	每增加1m	5	8	每增加1m	5	8	每增加1m
人工	工时	1711	1069	-214	3110	1944	-389	4976	3110	-622
零星材料费	%	1	1		1	1		1	1	
定额编号		09231	09232	09233	09234	09235	09236	09237	09238	09239

九-8 人工修筑草坎坡式梯田

工作内容:定线、修筑软坎、播种草籽等。

(1) 地面坡度 3°~5°

单位:hm^2

项目	单位	土类级别											
		Ⅰ~Ⅱ				Ⅲ				Ⅳ			
		田坎间距(m)											
		18	30	42	每增加 6m	18	30	42	每增加 6m	18	30	42	每增加 6m
人工	工时	581	349	249	−41	1057	635	453	−75	1690	1015	725	−120
草种	kg	8	5	3	−1	8	5	3	−1	8	5	3	−1
其他材料费	%	5	5	5		5	5	5		5	5	5	
定额编号		09240	09241	09242	09243	09244	09245	09246	09247	09248	09249	09250	09251

（2） 地面坡度 5°~10°

单位：hm^2

项目	单位	土类级别											
		Ⅰ~Ⅱ				Ⅲ				Ⅳ			
		田坎间距(m)											
		12	24	36	每增加 6m	12	24	36	每增加 6m	12	24	36	每增加 6m
人工	工时	900	450	300	-43	1636	818	545	-78	2618	1308	872	-124
草种	kg	11	6	4	-1	11	6	4	-1	11	6	4	-1
其他材料费	%	4	4	4		4	4	4		4	4	4	
定额编号		09252	09253	09254	09255	09256	09257	09258	09259	09260	09261	09262	09263

(3)　地面坡度 10°～15°

单位：hm^2

项　　目	单位	土类级别											
		Ⅰ～Ⅱ				Ⅲ				Ⅳ			
		田坎间距(m)											
		6	18	30	每增加 6m	6	18	30	每增加 6m	6	18	30	每增加 6m
人　　工	工时	1855	618	371	-62	3373	1124	675	-113	5397	1798	1080	-181
草　　种	kg	23	8	5	-1	23	8	5	-1	23	8	5	-1
其他材料费	%	3	3	3		3	3	3		3	3	3	
定　额　编　号		09264	09265	09266	09267	09268	09269	09270	09271	09272	09273	09274	09275

(4) 地面坡度 15°~20°

单位:hm²

项目	单位	土类级别								
		Ⅰ~Ⅱ			Ⅲ			Ⅳ		
		田坎间距(m)								
		12	24	每增加 6m	12	24	每增加 6m	12	24	每增加 6m
人工	工时	956	478	-95	1738	868	-173	2780	1389	-277
草种	kg	11	6	-1	11	6	-1	11	6	-1
其他材料费	%	2	2		2	2		2	2	
定额编号		09276	09277	09278	09279	09280	09281	09282	09283	09284

(5) 地面坡度 20°~25°

单位：hm²

项目	单位	土类级别								
		Ⅰ~Ⅱ			Ⅲ			Ⅳ		
		田坎间距(m)								
		6	18	每增加 6m	6	18	每增加 6m	6	18	每增加 6m
人工	工时	1966	655	-164	3575	1191	-298	5721	1906	-477
草种	kg	23	8	-2	23	8	-2	23	8	-2
其他材料费	%	1	1		1	1		1	1	
定额编号		09285	09286	09287	09288	09289	09290	09291	09292	09293

九-9 人工修筑灌木坎坡式梯田

工作内容：定线、修筑软坎、栽种灌木等。

(1) 地面坡度 3°~5°

单位：hm²

项目	单位	土类级别											
		Ⅰ~Ⅱ				Ⅲ				Ⅳ			
		田坎间距(m)											
		18	30	42	每增加6m	18	30	42	每增加6m	18	30	42	每增加6m
人工	工时	777	466	333	-55	1412	847	605	-101	2259	1355	969	-161
灌木	株	1889	1133	810	-101	1889	1133	810	-101	1889	1133	810	-101
其他材料费	%	5	5	5		5	5	5		5	5	5	
定额编号		09294	09295	09296	09297	09298	09299	09300	09301	09302	09303	09304	09305

(2) 地面坡度 5°～10°

单位：hm^2

项目	单位	土类级别											
		Ⅰ～Ⅱ				Ⅲ				Ⅳ			
		田坎间距(m)											
		12	24	36	每增加 6m	12	24	36	每增加 6m	12	24	36	每增加 6m
人工	工时	1202	601	401	-57	2185	1093	728	-104	3497	1749	1166	-166
灌木	株	2833	1417	944	-134	2833	1417	944	-134	2833	1417	944	-134
其他材料费	%	4	4	4		4	4	4		4	4	4	
定额编号		09306	09307	09308	09309	09310	09311	09312	09313	09314	09315	09316	09317

(3) 地面坡度 10°~15°

单位：hm^2

项目	单位	土类级别											
		Ⅰ~Ⅱ				Ⅲ				Ⅳ			
		田坎间距(m)											
		6	18	30	每增加 6m	6	18	30	每增加 6m	6	18	30	每增加 6m
人工	工时	2479	826	496	-83	4507	1502	901	-150	7211	2403	1442	-240
灌木	株	5667	1889	1133	-189	5667	1889	1133	-189	5667	1889	1133	-189
其他材料费	%	3	3	3		3	3	3		3	3	3	
定额编号		09318	09319	09320	09321	09322	09323	09324	09325	09326	09327	09328	09329

(4) 地面坡度 15°～20°

单位：hm^2

项　目	单位	土类级别								
		Ⅰ～Ⅱ			Ⅲ			Ⅳ		
		田坎间距(m)								
		12	24	每增加 6m	12	24	每增加 6m	12	24	每增加 6m
人　工	工时	1276	638	-128	2321	1161	-233	3713	1857	-372
灌　木	株	2833	1417	-284	2833	1417	-284	2833	1417	-284
其他材料费	%	2	2		2	2		2	2	
定额编号		09330	09331	09332	09333	09334	09335	09336	09337	09338

(5) 地面坡度 20°~25°

单位：hm^2

项目	单位	土类级别								
		Ⅰ~Ⅱ			Ⅲ			Ⅳ		
		田坎间距(m)								
		6	18	每增加 6m	6	18	每增加 6m	6	18	每增加 6m
人工	工时	2628	876	-219	4777	1592	-398	7644	2547	-636
灌木	株	5667	1889	-472	5667	1889	-472	5667	1889	-472
其他材料费	%	1	1		1	1		1	1	
定额编号		09339	09340	09341	09342	09343	09344	09345	09346	09347

九-10　推土机修筑土坎水平梯田

工作内容：定线、清基、筑坎、保留表土、修平田面、表土还原等。

（1）　地面坡度 3°~5°

单位：hm^2

项目	单位	土类级别											
		Ⅰ~Ⅱ				Ⅲ				Ⅳ			
		田面宽度（m）											
		10	20	30	每增加 5m	10	20	30	每增加 5m	10	20	30	每增加 5m
人工	工时	1214	978	944	-17	1214	978	944	-17	1214	978	944	-17
零星材料费	%	5	5	5		5	5	5		5	5	5	
推土机 74kW	台时	11	22	32	5	12	24	36	6	13	26	40	7
定额编号		09348	09349	09350	09351	09352	09353	09354	09355	09356	09357	09358	09359

(2) 地面坡度 5°~10°

单位:hm^2

项目	单位	土类级别								
		Ⅰ~Ⅱ			Ⅲ			Ⅳ		
		田面宽度(m)								
		14	20	每增加3m	14	20	每增加3m	14	20	每增加3m
人工	工时	2321	2509	94	2321	2509	94	2321	2509	94
零星材料费	%	4	4		4	4		4	4	
推土机74kW	台时	32	45	7	35	50	8	39	55	9
定额编号		09360	09361	09362	09363	09364	09365	09366	09367	09368

(3) 地面坡度10°~15°

单位：hm^2

项目	单位	土类级别								
		Ⅰ~Ⅱ			Ⅲ			Ⅳ		
		田面宽度(m)								
		11	15	每增加2m	11	15	每增加2m	11	15	每增加2m
人工	工时	4737	5356	310	4737	5356	310	4737	5356	310
零星材料费	%	3	3		3	3		3	3	
推土机74kW	台时	42	58	8	47	64	9	52	70	10
定额编号		09369	09370	09371	09372	09373	09374	09375	09376	09377

九-11　推土机修筑石坎水平梯田(拣集石料)

工作内容:定线、清基、石料拣集、修砌石坎、保留表土、坎后填膛、修平田面、表土还原等。

(1)　地面坡度 3°~5°

单位:hm^2

项　目	单位	土类级别							
		Ⅲ				Ⅳ			
		田面宽度(m)							
		10	20	30	每增加 5m	10	20	30	每增加 5m
人　工	工时	1582	1345	1324	-11	1582	1345	1324	-11
零星材料费	%	5	5	5		5	5	5	
推土机 74kW	台时	12	24	36	6	13	26	40	7
定额编号		09378	09379	09380	09381	09382	09383	09384	09385

(2) 地面坡度 5°~10°

单位:hm^2

项目	单位	土类级别					
		Ⅲ			Ⅳ		
		田面宽度(m)					
		14	20	每增加 3m	14	20	每增加 3m
人工	工时	3118	3294	88	3118	3294	88
零星材料费	%	4	4		4	4	
推土机 74kW	台时	35	50	8	39	55	9
定额编号		09386	09387	09388	09389	09390	09391

（3） 地面坡度 10°~15°

单位：hm^2

项目	单位	土类级别					
		Ⅲ			Ⅳ		
		田面宽度（m）					
		11	15	每增加 2m	11	15	每增加 2m
人工	工时	6124	6761	319	6124	6761	319
零星材料费	%	3	3		3	3	
推土机 74kW	台时	47	64	9	47	64	9
定额编号		09392	09393	09394	09395	09396	09397

九-12 推土机修筑石坎水平梯田(购买石料)

工作内容:定线、清基、修砌石坎、保留表土、坎后填膛、修平田面、表土还原等。

(1) 地面坡度 3°~5°

单位:hm^2

项目	单位	土类级别							
		Ⅲ				Ⅳ			
		田面宽度(m)							
		10	20	30	每增加 5m	10	20	30	每增加 5m
人工	工时	1133	880	833	-24	1133	880	833	-24
块(片)石	m^3	168	175	184	5	168	175	184	5
其他材料费	%	5	5	5		5	5	5	
推土机 74kW	台时	12	24	36	6	13	26	40	7
其他机械费	%	5	5	5		5	5	5	
定额编号		09398	09399	09400	09401	09402	09403	09404	09405

（2） 地面坡度 5°～10°

单位：hm^2

项 目	单位	土类级别					
		Ⅲ			Ⅳ		
		田面宽度（m）					
		14	20	每增加 3m	14	20	每增加 3m
人工	工时	1903	1952	25	1903	1952	25
块（片）石	m^3	456	504	24	456	504	24
其他材料费	%	4	4		4	4	
推土机 74kW	台时	35	50	8	39	55	9
其他机械费	%	4	4		4	4	
定额编号		09406	09407	09408	09409	09410	09411

(3) 地面坡度 10°～15°

单位：hm^2

项目	单位	土类级别					
		Ⅲ			Ⅳ		
		田面宽度(m)					
		11	15	每增加 2m	11	15	每增加 2m
人工	工时	3586	3878	146	3586	3878	146
块(片)石	m^3	953	1082	65	953	1082	65
其他材料费	%	3	3		3	3	
推土机 74kW	台时	47	64	9	52	70	10
其他机械费	%	3	3		3	3	
定额编号		09412	09413	09414	09415	09416	09417

第十章

谷坊、水窖、蓄水池工程

说　　明

一、本章定额包括谷坊、水窖、集雨面、沉沙池、涝池、蓄水池等定额共25节、112个子目，适用于水土保持谷坊、水窖、蓄水池工程。

二、本章定额谷坊以顶长10m为计量单位，其中土石谷坊的谷坊高按平均高度选取，并已综合计入了土方开挖、土方填筑及砌石等工程项目。

三、本章定额水窖以眼为计量单位，沉沙池、涝池及蓄水池以座为计量单位，并均已综合计入了土方、石方、混凝土、钢筋制安及细部结构等工程项目，但不包括为集雨而修建的集雨面（坪），需要时应根据十-15节定额另行计算。

四、本章定额水窖、沉沙池、涝池及蓄水池按建筑物容积划分，当计算概算单价需要选用的定额介于两个子目之间时，可采用内插法进行调整。

五、本章定额中的沉沙池专用于水窖或蓄水池前的沉沙之用，其形状为矩形，宽1~2m，长2~3m，深1.0m。

六、本章材料消耗定额中“（）”内的数字为砂浆及混凝土半成品，在计算概算单价时与水泥、石子、砂子、水和抗渗剂不能重复计算。

十-1 土谷坊

工作内容：定线、清基、挖结合槽、填土夯实等。

单位：10m

项　　目	单位	谷坊高度×谷坊顶宽　(m×m)			
		1×1.0	2×1.5	3×1.5	4×2.0
人　　工	工时	130.5	445.8	931.0	1780.0
零星材料费	%	3	3	3	3
胶轮架子车	台时	12.44	46.04	98.00	189.15
定　额　编　号		10001	10002	10003	10004

十-2 干砌石谷坊

工作内容：定线、清基、挖结合槽、挖坡脚沟、选石、修石、砌筑、填缝、找平等。

单位：10m

项　　目	单位	谷坊高度×谷坊顶宽　(m×m)			
		1×1.0	2×1.0	3×1.0	4×1.3
人　　工	工时	173.3	443.0	819.9	1433.0
块（片）石	m^3	17.40	46.40	87.00	153.12
其他材料费	%	1	1	1	1
定　额　编　号		10005	10006	10007	10008

十-3 浆砌石谷坊

工作内容:定线、清基、选石、修石、冲洗、拌浆、砌筑、勾缝等。

单位:10m

项目	单位	谷坊高度×谷坊顶宽 (m×m)			
		2×1.0	3×1.5	4×2.0	5×3.0
人工	工时	531.1	1094.0	1939.1	3279.9
块(片)石	m^3	43.60	90.40	160.70	272.40
砂浆	m^3	(13.90)	(28.80)	(51.20)	(86.80)
水泥	t	3.71	7.69	13.67	23.18
砂子	m^3	14.04	29.09	51.71	87.67
水	m^3	3.17	6.57	11.67	19.79
其他材料费	%	1	1	1	1
胶轮架子车	台时	33.90	70.30	125.00	211.80
砂浆搅拌机 $0.25m^3$	台时	7.10	14.70	26.20	44.40
其他机械费	%	1	1	1	1
定额编号		10009	10010	10011	10012

十-4　植物谷坊

(1)　多排密植植物谷坊

工作内容：定线、挖沟、杆料选择、密植柳（杨）杆、浇水等。

单位：10m

项　　目	单位	柳（杨）杆排数（排）			
		5	6	7	8
人　　工	工时	108.2	129.8	151.4	173.1
柳或杨杆（直径5~7cm）	个	130.00	156.00	182.00	208.00
水	m^3	5.00	6.00	7.00	8.00
其他材料费	%	5	5	5	5
定　额　编　号		10013	10014	10015	10016

(2)　柳桩编篱植物谷坊

工作内容：定线、选桩、埋桩、编篱、固定、填石、盖顶、培土等。

单位：10m

项　　目	单位	柳桩排数（排）	
		2	3
人　　工	工时	238.6	357.9
柳桩（梢径7~10cm）	根	68	102
柳　　梢	t	1.58	2.21
铅　　丝　8~16#	kg	3.92	7.84
卵（块）石	m^3	11.60	23.20
其他材料费	%	1	1
定　额　编　号		10017	10018

十-5　水泥砂浆薄壁水窖

工作内容：窖体开挖、墁壁、窖底浇筑、窖体防渗、制作窖口及窖盖等。

单位：眼

项目	单位	胶泥窖底			混凝土窖底		
		水窖容积(m^3)					
		30	40	50	30	40	50
人工	工时	457.7	488.2	560.3	330.0	356.9	413.8
胶泥	m^3	2.10	2.40	2.70			
砂浆	m^3	(1.60)	(1.90)	(2.20)	(1.60)	(1.90)	(2.20)
混凝土	m^3	(0.25)	(0.26)	(0.27)	(0.88)	(0.97)	(1.06)
水泥	t	0.54	0.66	0.78	0.60	0.80	1.00
石子	m^3	0.20	0.21	0.22	0.73	0.80	0.87
砂子	m^3	1.80	2.10	2.40	2.00	2.40	2.80
水	m^3	2.00	2.50	3.00	2.00	2.50	3.00
抗渗剂	kg	17.00	20.00	23.00	17.00	20.00	23.00
其他材料费	%	5	5	5	5	5	5
定额编号		10019	10020	10021	10022	10023	10024

十-6 混凝土盖碗水窖

工作内容：土模制作、钢筋绑扎、帽盖浇筑，窖体开挖、墁壁、窖底及窖体防渗、土方回填等。

单位：眼

项目	单位	胶泥窖底			混凝土窖底		
		水窖容积(m^3)					
		40	50	60	40	50	60
人工	工时	555.8	604.3	703.3	446.9	488.6	530.3
钢筋	kg	30.00	30.00	30.00	30.00	30.00	30.00
铅丝	kg	20.00	20.00	20.00	20.00	20.00	20.00
胶泥	m^3	1.60	2.40	3.20			
砂浆	m^3	(1.70)	(1.90)	(2.10)	(1.70)	(1.90)	(2.10)
混凝土	m^3	(2.10)	(2.20)	(2.30)	(2.90)	(3.00)	(3.10)
水泥	t	1.18	1.22	1.26	1.39	1.45	1.51
石子	m^3	1.70	1.80	1.90	2.30	2.40	2.50
砂子	m^3	3.10	3.20	3.30	3.40	3.60	3.80
水	m^3	3.00	3.00	3.00	3.00	3.00	3.00
抗渗剂	kg	20.00	24.00	28.00	20.00	24.00	28.00
其他材料费	%	5	5	5	5	5	5
定额编号		10025	10026	10027	10028	10029	10030

十－7　素混凝土肋拱盖碗水窖

工作内容：土模制作、帽盖浇筑、窖体开挖、墁壁、窖底及窖体防渗、土方回填等。

单位：眼

项目	单位	胶泥窖底			混凝土窖底		
		水窖容积(m^3)					
		40	50	60	40	50	60
人工	工时	546.7	596.0	695.0	437.7	479.4	521.1
胶泥	m^3	1.60	2.40	3.10			
砂浆	m^3	(1.70)	(1.90)	(2.10)	(1.70)	(1.90)	(2.10)
混凝土	m^3	(2.10)	(2.20)	(2.30)	(3.00)	(3.10)	(3.20)
水泥	t	1.12	1.24	1.36	1.27	1.43	1.59
石子	m^3	1.70	1.80	1.90	2.40	2.50	2.60
砂子	m^3	3.20	3.30	3.40	3.50	3.70	3.90
水	m^3	3.00	3.00	3.00	3.00	3.00	3.00
抗渗剂	kg	20.00	24.00	28.00	20.00	24.00	28.00
其他材料费	%	5	5	5	5	5	5
定额编号		10031	10032	10033	10034	10035	10036

十-8 混凝土拱底顶盖圆柱形水窖

工作内容：土模制作、帽盖浇筑、窖体开挖、墁壁、窖底翻夯、窖体防渗、土方回填等。

单位：眼

项目	单位	水窖容积(m^3)			
		15	20	25	30
人工	工时	151.4	189.2	224.1	252.7
白灰	t	0.19	0.23	0.27	0.36
砂浆	m^3	(0.82)	(1.01)	(1.16)	(1.22)
混凝土	m^3	(1.12)	(1.29)	(1.47)	(1.70)
水泥	t	0.63	0.75	0.85	0.93
石子	m^3	0.78	0.90	1.03	1.19
砂子	m^3	1.60	1.89	2.16	2.27
水	m^3	0.80	0.90	1.10	1.40
抗渗剂	kg	19.00	23.00	26.00	28.00
其他材料费	%	5	5	5	5
定额编号		10037	10038	10039	10040

十-9 混凝土球形水窖

工作内容：土模制作、帽盖浇筑、窖体开挖、窖体防渗、土方回填等。

单位：眼

项目	单位	水窖容积(m^3)			
		15	20	25	30
人工	工时	233.0	287.1	332.4	371.4
砂浆	m^3	(0.15)	(0.19)	(0.21)	(0.24)
混凝土	m^3	(1.60)	(1.87)	(2.13)	(2.36)
水泥	t	0.58	0.69	0.78	0.86
石子	m^3	1.07	1.24	1.41	1.56
砂子	m^3	0.85	1.01	1.15	1.28
水	m^3	0.80	0.90	1.00	1.20
抗渗剂	kg	18.00	21.00	24.00	26.00
其他材料费	%	5	5	5	5
定额编号		10041	10042	10043	10044

十-10 砖拱式水窖

工作内容：窖体开挖、墁壁、窖底浇筑、窖体防渗、制作窖口及砖拱窖盖等。

单位：眼

项目	单位	胶泥窖底			混凝土窖底		
		水窖容积(m^3)					
		30	40	50	30	40	50
人工	工时	590.4	601.2	665.6	480.3	482.5	528.4
机砖	千块	1.70	1.70	1.70	1.70	1.70	1.70
胶泥	m^3	2.10	2.40	2.70			
砂浆	m^3	(2.20)	(2.60)	(3.00)	(2.20)	(2.60)	(3.00)
混凝土	m^3	(0.25)	(0.26)	(0.27)	(0.95)	(0.96)	(0.97)
水泥	t	0.76	0.88	1.00	0.93	1.08	1.23
石子	m^3	0.20	0.21	0.22	0.72	0.80	0.88
砂子	m^3	2.50	2.90	3.30	2.90	3.30	3.70
水	m^3	3.00	4.00	5.00	3.00	4.00	5.00
抗渗剂	kg	17.00	20.00	23.00	17.00	20.00	23.00
其他材料费	%	5	5	5	5	5	5
定额编号		10045	10046	10047	10048	10049	10050

十-11 平窑式水窖

工作内容:窖体开挖、窖底翻夯三七灰土、窖体混凝土浇筑、土方回填等。

单位:眼

项目	单位	水窖容积(m^3)			
		15	20	25	30
人工	工时	240.0	277.8	350.4	387.3
钢筋	kg	35.00	40.00	45.00	50.00
白灰	t	0.42	0.53	0.64	0.75
机砖	千块	0.09	0.09	0.09	0.09
混凝土	m^3	(3.72)	(4.52)	(5.16)	(5.85)
水泥	t	0.84	1.03	1.17	1.33
石子	m^3	3.20	3.90	4.44	5.03
砂子	m^3	1.99	2.43	2.77	3.14
水	m^3	1.00	1.50	1.70	2.00
抗渗剂	kg	25.00	31.00	35.00	40.00
其他材料费	%	5	5	5	5
定额编号		10051	10052	10053	10054

十-12　崖窑式水窖

工作内容：剖理崖面、土窑开挖、窑顶防潮、开挖窖池、窖池防渗、管道布置、前墙砌筑等。

单位：眼

项目	单位	水窖容积(m^3)			
		40	60	80	100
人工	工时	968.1	1137.9	1395.7	1653.5
胶泥	m^3	4.20	6.00	7.80	9.60
机砖	千块	1.50	1.50	1.50	1.50
砂浆	m^3	2.80	3.30	3.80	4.30
混凝土	m^3	(0.50)	(0.60)	(0.70)	(0.80)
水泥	t	1.20	1.40	1.60	1.80
石子	m^3	0.40	0.50	0.60	0.70
砂子	m^3	3.20	3.70	4.20	4.70
水	m^3	4.00	5.00	6.00	7.00
抗渗剂	kg	12.00	23.00	34.00	45.00
其他材料费	%	5	5	5	5
定额编号		10055	10056	10057	10058

十-13 传统瓶式水窖

工作内容：砖砌窖口、窖体开挖、窖壁及窖底胶泥防渗等。

单位：眼

项目	单位	水窖容积(m^3)					
		15	20	25	30	40	50
人工	工时	514.3	566.4	622.9	688.3	775.0	861.6
胶泥	m^3	4.55	4.80	5.05	5.30	5.80	6.30
砂浆	m^3	(0.25)	(0.25)	(0.25)	(0.25)	(0.25)	(0.25)
机砖	千块	0.18	0.18	0.18	0.18	0.18	0.18
水泥	t	0.10	0.10	0.10	0.10	0.10	0.10
砂子	m^3	0.25	0.25	0.25	0.25	0.25	0.25
水	m^3	2.50	3.00	3.50	4.00	5.00	6.00
抗渗剂	kg	3.50	4.00	4.50	5.00	6.00	7.00
其他材料费	%	5	5	5	5	5	5
定额编号		10059	10060	10061	10062	10063	10064

十－14　竖井式圆弧形混凝土水窖

工作内容：窖体开挖、窖壁混凝土衬砌、水窖抹面防渗、土方回填等。

单位：眼

项　目	单位	水窖容积(m^3)	
		15	20
人　工	工时	221.9	273.8
砂　浆	m^3	(0.46)	(0.69)
混凝土	m^3	(2.41)	(3.04)
水　泥	t	0.99	1.28
石　子	m^3	1.78	2.25
砂　子	m^3	1.77	2.32
水	m^3	1.50	2.00
抗渗剂	kg	30.00	39.00
其他材料费	%	5	5
定额编号		10065	10066

十-15 集雨面

工作内容：场地翻夯、平整，现浇混凝土、砂浆，或铺设片石、塑料薄膜等。

单位：$100m^2$

项目	单位	集雨面类型				
		混凝土	水泥	灰土	片(块)石	塑料薄膜
人工	工时	248.8	265.5	355.2	143.7	35.6
混凝土	m^3	(10.30)				
砂浆	m^3		(5.15)			
水泥	t	3.24	0.95			
石子	m^3	7.93				
砂子	m^3	6.39	5.20			
水	m^3	3.00	2.00			
白灰	t			5.89		
片(块)石	m^3				11.60	
塑料薄膜	m^2					118.00
其他材料费	%	5	5	5	5	5
定额编号		10067	10068	10069	10070	10071

十-16　沉沙池

工作内容：池体开挖、池体砌（浇）筑、土方回填、池底及池壁抹面等。

单位：座

项目	单位	池体形状及容积				
		梯形（容积 $6.3m^3$）		矩形（$4.5m^3$）		
		池体衬砌材料				
		红胶泥	水泥砂浆	机砖抹面	块石抹面	混凝土
人工	工时	82.6	42.3	90.1	132.5	32.5
红胶泥	m^3	0.52				
砂浆	m^3		(0.48)	(0.77)	(2.07)	
混凝土	m^3					(1.21)
水泥	t		0.09	0.14	0.38	0.38
石子	m^3					0.93
砂子	m^3		0.48	0.72	2.09	0.75
水	m^3		0.50	0.50	1.00	0.50
机砖	千块			0.81		
块（片）石	m^3				5.14	
其他材料费	%	5	5	5	5	5
定额编号		10072	10073	10074	10075	10076

十-17 粘土涝池

工作内容:池体开挖,池底及池壁粘土防渗等。

单位:座

项目	单位	涝池容积(m^3)			
		50	100	150	200
人工	工时	271.9	516.8	728.0	975.0
粘土	m^3	22.66	37.17	48.97	62.07
其他材料费	%	5	5	5	5
定额编号		10077	10078	10079	10080

十-18 灰土涝池

工作内容:池体开挖,池底及池壁灰土防渗等。

单位:座

项目	单位	涝池容积(m^3)			
		50	100	150	200
人工	工时	450.2	809.4	1113.5	1463.6
粘土	m^3	15.86	26.02	34.28	43.45
白灰	t	4.44	7.28	9.59	12.15
其他材料费	%	5	5	5	5
定额编号		10081	10082	10083	10084

十-19　铺砖抹面涝池

工作内容：池体开挖，池底及池壁铺砖抹面防渗等。

单位：座

项　　目	单位	涝池容积(m^3)			
		50	100	150	200
人　　工	工时	361.3	669.2	922.5	1226.6
机　　砖	千块	2.04	3.39	4.47	5.65
砌筑砂浆	m^3	(0.91)	(1.51)	(1.99)	(2.52)
抹面砂浆	m^3	(1.90)	(3.20)	(4.10)	(5.30)
水　　泥	t	0.94	1.58	2.04	2.62
砂　　子	m^3	2.84	4.76	6.15	7.90
水	m^3	2.00	3.00	4.00	5.00
抗渗剂	kg	35.00	59.00	75.00	97.00
其他材料费	%	5	5	5	5
定额编号		10085	10086	10087	10088

十-20 砌石抹面涝池

工作内容:池体开挖,池底及池壁砌石抹面防渗等。

单位:座

项　　目	单位	涝池容积(m^3)			
		50	100	150	200
人　　工	工时	467.7	842.9	1151.1	1517.1
块(片)石	m^3	18.88	31.03	40.83	51.80
砌筑砂浆	m^3	(6.08)	(9.99)	(13.15)	(16.68)
抹面砂浆	m^3	(1.90)	(3.20)	(4.10)	(5.30)
水　　泥	t	2.32	3.84	5.02	6.40
砂　　子	m^3	8.06	13.32	17.42	22.20
水	m^3	3.00	4.00	5.00	6.00
抗渗剂	kg	35.00	59.00	75.00	97.00
其他材料费	%	5	5	5	5
定额编号		10089	10090	10091	10092

十-21　混凝土衬砌涝池

工作内容：池体开挖，池底及池壁混凝土衬砌防渗等。

单位：座

项　　目	单位	涝池容积(m^3)			
		50	100	150	200
人　　工	工时	422.5	763.9	1052.2	1388.3
混 凝 土	m^3	(13.18)	(21.63)	(28.43)	(36.15)
水　　泥	t	3.60	5.90	7.76	9.87
石　　子	m^3	6.85	11.25	14.78	18.80
砂　　子	m^3	9.75	16.00	21.04	26.75
水	m^3	3.00	4.00	5.00	6.00
其他材料费	%	5	5	5	5
定 额 编 号		10093	10094	10095	10096

十–22 开敞式矩形蓄水池

适用范围：混凝土底板、砖砌池壁的开敞式矩形蓄水池。

工作内容：土方开挖、混凝土浇筑、机砖砌筑、土方回填等。

单位：座

项目	单位	水池容量(m^3)			
		35	50	65	95
人工	工时	763.0	978.0	1223.0	1527.0
机砖	千块	5.65	7.05	8.61	9.68
砌筑砂浆	m^3	(2.52)	(3.14)	(3.84)	(4.32)
抹面砂浆	m^3	(1.30)	(1.60)	(1.90)	(2.20)
混凝土	m^3	(3.90)	(4.48)	(5.05)	(8.40)
水泥	t	2.38	2.85	3.33	4.61
石子	m^3	2.85	3.25	3.72	6.13
砂子	m^3	6.00	7.30	8.70	11.30
水	m^3	2.00	3.00	4.00	5.00
抗渗剂	kg	24.00	29.00	35.00	40.00
钢筋	kg	17.85	20.83	23.80	27.85
其他材料费	%	5.0	5.0	5.0	5.0
胶轮架子车	台时	138.00	181.00	231.00	291.00
其他机械费	%	5.0	5.0	5.0	5.0
定额编号		10097	10098	10099	10100

十-23 封闭式矩形蓄水池

适用范围:浆砌石基础,混凝土底板、侧板,混凝土空心顶板的封闭式矩形蓄水池。

工作内容:土方开挖、浆砌石砌筑、混凝土浇筑、土方回填等。

单位:座

项目	单位	水池容量(m^3)			
		55	85	105	155
人工	工时	1509.0	2139.0	2537.0	3533.0
块(片)石	m^3	15.51	19.58	23.76	34.10
砌筑砂浆	m^3	(4.23)	(5.34)	(6.48)	(9.30)
混凝土	m^3	(13.92)	(19.26)	(23.25)	(33.22)
水泥	t	5.75	7.81	9.41	13.47
石子	m^3	10.86	14.98	18.02	25.79
砂子	m^3	12.72	17.04	20.55	29.44
水	m^3	4.00	5.00	6.00	8.00
其他材料费	%	5.0	5.0	5.0	5.0
胶轮架子车	台时	242.00	360.00	427.00	594.00
其他机械费	%	5.0	5.0	5.0	5.0
定额编号		10101	10102	10103	10104

十-24 开敞式圆形蓄水池

适用范围:浆砌石基础及侧墙、混凝土底板的开敞式圆形蓄水池。

工作内容:土方开挖、浆砌石砌筑、混凝土浇筑、土方回填等。

单位:座

项目	单位	水池容量(m^3)			
		20	40	60	80
人工	工时	1952.0	2539.0	3177.0	4077.0
块(片)石	m^3	33.99	44.99	56.65	68.31
砌筑砂浆	m^3	(9.27)	(12.27)	(15.45)	(18.63)
抹面砂浆	m^3	(0.85)	(1.13)	(1.41)	(1.88)
混凝土	m^3	(1.02)	(1.66)	(2.46)	(2.46)
水泥	t	3.58	4.87	6.25	7.45
石子	m^3	2.28	3.29	4.41	4.94
砂子	m^3	12.19	16.38	20.84	25.06
水	m^3	3.00	4.00	5.00	6.00
抗渗剂	kg	15.00	20.00	26.00	35.00
其他材料费	%	5.0	5.0	5.0	5.0
胶轮架子车	台时	385.00	521.00	677.00	872.00
其他机械费	%	5.0	5.0	5.0	5.0
定额编号		10105	10106	10107	10108

十-25 封闭式圆形蓄水池

适用范围：浆砌石基础，混凝土底板、顶板及侧壁的封闭式圆形蓄水池。

工作内容：土方开挖、浆砌石砌筑、混凝土浇筑、土方回填等。

单位：座

项目	单位	水池容量(m^3)			
		20	30	40	50
人工	工时	2095.0	2888.0	3229.0	4322.0
块(片)石	m^3	1.98	1.98	3.30	3.30
砌筑砂浆	m^3	(0.54)	(0.54)	(0.96)	(0.96)
混凝土	m^3	(4.46)	(5.47)	(6.45)	(7.77)
水泥	t	1.60	1.91	2.33	2.77
石子	m^3	3.38	4.11	4.83	5.85
砂子	m^3	3.15	3.71	4.70	5.49
水	m^3	2.00	3.00	4.00	5.00
钢筋	kg	357.00	437.29	515.91	621.42
其他材料费	%	5.0	5.0	5.0	5.0
胶轮架子车	台时	439.00	609.00	779.00	920.00
其他机械费	%	5.0	5.0	5.0	5.0
定额编号		10109	10110	10111	10112

附录一

施工机械台时费定额

说　明

一、本定额是以水利部颁发的《水利工程施工机械台时费定额》为基础，结合水土保持工程特点编制的。内容包括土石方机械、混凝土机械、运输机械、起重机械、砂石料加工机械、钻孔灌浆机械、动力机械和其他机械共八章，587个子目。

二、本定额以台时为计量单位。

三、本定额由两类费用组成，定额表中以(一)、(二)表示。

一类费用分为折旧费、修理及替换设备费(含大修理费、经常性修理费)和安装拆卸费，按2002年度价格水平计算并用金额表示。

二类费用分为人工、动力燃料或消耗材料，以工时数量和实物消耗量表示，其费用按国家规定的人工工资计算办法和工程所在地的物价水平分别计算。

四、各类费用的定义及取费原则：

1.折旧费：指机械在寿命期内回收原值的台时折旧摊销费用。

2.修理及替换设备费：指机械在使用过程中，为了使机械保持正常功能而进行修理所需费用、日常保养所需的润滑油料费、擦拭用品费、机械保管费，以及替换设备费、随机使用的工具附具等所需的台时摊销费用。

3.安装拆卸费：指机械进出工地的安装、拆卸、试运转和场内转移及辅助设施的摊销费用。不需要安装拆卸的施工机械台时费用不计列此项费用。

4.人工：指机械使用时机上人员的工时消耗。包括机械运转时间、辅助时间、用餐、交接班以及必要的机械正常中断时间。台时费中人工费按工程措施人工预算单价计算。

5.动力、燃料或消耗材料：指正常运转所需的风（压缩空气）、水、电、油及煤等。其中，机械消耗电量包括机械本身和最后一级降压变压器低压侧至施工用电点之间的线路损耗。风、水消耗包括机械本身和移动支管的损耗。

五、本定额备注栏内注有符号“※”的大型机械，表示该项定额未列安装拆卸费，其费用在“其他临时工程”中解决。

六、本定额单斗挖掘机台时费均适用于正铲和反铲。

七、本定额子目编号按以下方式排列：

土石方机械	1001~	混凝土机械	2001~
运输机械	3001~	起重机械	4001~
砂石料加工机械	5001~	钻孔灌浆机械	6001~
动力机械	7001~	其他机械	8001~

一、土石方机械

项目		单位	单斗挖掘机				
			油动		电动		液压
			斗容（m^3）				
			0.5	1.0	2.0	3.0	0.6
（一）	折旧费	元	21.97	28.77	41.56	68.28	32.74
	修理及替换设备费	元	20.47	29.63	43.57	55.67	20.21
	安装拆卸费	元	1.48	2.42	3.08		1.60
	小计	元	43.92	60.82	88.21	123.95	54.55
（二）	人工	工时	2.7	2.7	2.7	2.7	2.7
	汽油	kg					
	柴油	kg	10.7	14.2			9.5
	电	kWh			100.6	128.1	
	风	m^3					
	水	m^3					
	煤	kg					
备注						※	
编号			1001	1002	1003	1004	1005

单斗挖掘机					索式挖掘机	
液压					油动	
斗容（m^3）					斗容（m^3）	
1.0	1.6	2.0	2.5	3.0	1.0	2.0
35.63	52.37	89.06	136.51	174.56	34.83	47.50
25.46	32.99	54.68	65.21	83.44	36.58	49.88
2.18	2.57	3.56	4.18		3.14	4.28
63.27	87.93	147.30	205.90	258.00	74.55	101.66
2.7	2.7	2.7	2.7	2.7	2.7	2.7
14.9	18.6	20.2	25.4	34.6	14.6	19.4
				※		
1006	1007	1008	1009	1010	1011	1012

项目		单位	索式挖掘机		多斗挖掘机		
			油动		链斗式		轮斗式
			斗容（m^3）				
			3.0	4.0	0.045	0.08	DW-200
（一）	折旧费	元	76.00	190.00	13.95	17.81	71.25
	修理及替换设备费	元	72.20	114.00	17.24	19.87	74.11
	安装拆卸费	元			1.96	2.22	
	小计	元	148.20	304.00	33.15	39.90	145.36
（二）	人工	工时	2.7	2.7	2.4	2.4	5.3
	汽油	kg					
	柴油	kg	32.3	40.4	8.4	15.4	
	电	kWh					106.2
	风	m^3					
	水	m^3					
	煤	kg					
备注			※	※			※
编号			1013	1014	1015	1016	1017

续表

挖掘装载机		装载机			
斗容（m^3）		轮胎式			
挖 0.1 装 0.42	挖 0.2 装 0.5	斗容（m^3）			
		1.0	1.5	2.0	3.0
7.72	8.91	13.15	16.81	32.15	51.15
6.92	7.99	8.54	10.92	24.20	38.37
0.57	0.66				
15.21	17.56	21.69	27.73	56.35	89.52
1.3	1.3	1.3	1.3	1.3	1.3
6.6	8.8	9.8	9.8	19.7	23.7
1018	1019	1020	1021	1022	1023

项　　目		单位	装载机				多功能装载机
			履带式		侧卸式		
			斗容（m^3）				ZDL-250
			0.8	3.2	2.8	4.0	250m^3/h
（一）	折旧费	元	52.78	133.70	136.52	140.74	191.83
	修理及替换设备费	元	32.79	71.10	82.29	84.84	105.51
	安装拆卸费	元					
	小　计	元	85.57	204.80	218.81	225.58	297.34
（二）	人　工	工时	1.3	2.4	2.4	2.4	2.4
	汽　油	kg					
	柴　油	kg	12.7	62.9	28.5	38.2	14.0
	电	kWh					
	风	m^3					
	水	m^3					
	煤	kg					
备　注							
编　号			1024	1025	1026	1027	1028

续表

推　土　机

功　率（kW）						
55	59	74	88	103	118	132
7.14	10.80	19.00	26.72	32.91	39.00	43.54
12.50	13.02	22.81	29.07	35.64	39.71	44.24
0.44	0.49	0.86	1.06	1.30	1.54	1.72
20.08	24.31	42.67	56.85	69.85	80.25	89.50
2.4	2.4	2.4	2.4	2.4	2.4	2.4
7.9	8.4	10.6	12.6	14.8	17.0	18.9
1029	1030	1031	1032	1033	1034	1035

项目		单位	推土机				
			功率（kW）				
			150	162	176	235	250
（一）	折旧费	元	47.50	60.00	66.18	100.55	152.00
	修理及替换设备费	元	48.23	55.63	59.57	80.44	94.54
	安装拆卸费	元	1.97	2.40	2.65	3.71	4.56
	小计	元	97.70	118.03	128.40	184.70	251.10
（二）	人工	工时	2.4	2.4	2.4	2.4	2.4
	汽油	kg					
	柴油	kg	21.6	23.3	25.3	33.7	35.9
	电	kWh					
	风	m^3					
	水	m^3					
	煤	kg					
备注							
编号			1036	1037	1038	1039	1040

续表

拖拉机							
轮式			履带式				
功率（kW）							
20	26	37	55	59	74	88	118
1.90	2.28	3.04	3.80	5.70	9.65	15.20	16.08
2.28	2.74	3.65	4.56	6.84	11.38	17.02	17.53
0.07	0.11	0.16	0.22	0.37	0.54	0.81	0.88
4.25	5.13	6.85	8.58	12.91	21.57	33.03	34.49
1.3	1.3	1.3	2.4	2.4	2.4	2.4	2.4
2.7	3.5	5.0	7.4	7.9	9.9	11.8	15.8
1041	1042	1043	1044	1045	1046	1047	1048

项目		单位	拖拉机			铲运机	
			履带式	手扶式		拖式	
			功率（kW）			斗容（m^3）	
			132	8.8	11	2.75	6~8
（一）	折旧费	元	19.00	0.4	0.81	4.35	7.13
	修理及替换设备费	元	20.71	1.59	2.12	5.61	8.76
	安装拆卸费	元	0.95	0.05	0.08	0.57	0.80
	小计	元	40.66	2.04	3.01	10.53	16.69
（二）	人工	工时	2.4	1.0	1.0		
	汽油	kg					
	柴油	kg	17.7	1.4	1.7		
	电	kWh					
	风	m^3					
	水	m^3					
	煤	kg					
备注							
编号			1049	1050	1051	1052	1053

续表

铲运机			削坡机	自行式平地机			
拖式	自行式						
斗容（m^3）				功率（kW）			
9~12	6~8	9~12	0.5	44	66	118	135
11.88	19.79	22.96	178.13	10.36	30.23	38.54	53.87
14.17	29.69	34.44	71.25	13.54	33.73	41.15	46.03
1.26			10.69				
27.31	49.48	57.40	260.07	23.90	63.96	79.69	99.90
	2.4	2.4	2.7	2.4	2.4	2.4	2.4
	10.9	16.0	9.7	8.4	12.7	17.4	20.8
1054	1055	1056	1057	1058	1059	1060	1061

项目		单位	轮胎碾	振动碾			
				自行式			拖式
			重量（t）				
			9~16	7.13	9.2	17.4	13~14
（一）	折旧费	元	13.51	49.57	63.10	80.13	17.23
	修理及替换设备费	元	15.76	18.48	23.52	34.35	7.10
	安装拆卸费	元					
	小计	元	29.27	68.05	86.62	114.48	24.33
（二）	人工	工时		2.7	2.7	2.7	
	汽油	kg					
	柴油	kg		8.1	13.6	14.9	9.5
	电	kWh					
	风	m^3					
	水	m^3					
	煤	kg					
备注							
编号			1062	1063	1064	1065	1066

续表

振动碾	羊脚碾			压路机			
凸块				内燃			全液压
重量(t)							
13~14	5~7	8~12	12~18	6~8	8~10	12~15	10~12
74.35	1.27	1.58	2.22	5.49	5.85	10.12	19.00
33.46	1.06	1.34	2.26	10.01	10.18	17.28	30.03
107.81	2.33	2.92	4.48	15.50	16.03	27.40	49.03
2.7				2.4	2.4	2.4	2.4
16.3				3.2	4.5	6.5	6.5
1067	1068	1069	1070	1071	1072	1073	1074

项目		单位	振动压路机 手扶式 重量(t) 1以内	刨毛机	蛙式夯实机 功率(kW) 2.8	风钻 手持式	风钻 气腿式
(一)	折旧费	元	3.92	8.36	0.17	0.54	0.82
	修理及替换设备费	元	6.59	10.87	1.01	1.89	2.46
	安装拆卸费	元		0.39			
	小计	元	10.51	19.62	1.18	2.43	3.28
(二)	人工	工时	1.3	2.4	2.0		
	汽油	kg					
	柴油	kg	0.7	7.4			
	电	kWh			2.5		
	风	m^3				180.1	248.4
	水	m^3				0.3	0.4
	煤	kg					
备注							
编号			1075	1076	1077	1078	1079

续表

风镐（铲）	潜孔钻						
	型号						
手持式	80型	100型	150型	200型	OZJ-100B	CM-200	CM-351
0.48	15.11	16.84	31.33	47.50	6.56	28.50	57.86
1.68	22.67	25.26	47.00	71.25	10.10	51.29	104.14
	0.46	0.57	1.05	1.60	0.22	0.96	1.95
2.16	38.24	42.67	79.38	120.35	16.88	80.75	163.95
	1.3	1.3	1.3	1.3	1.3	1.3	1.3
	25.7	28.0	29.7	31.1			
74.5	372.6	403.7	683.1	720.4	558.9	1055.7	1117.8
1080	1081	1082	1083	1084	1085	1086	1087

项目		单位	液压履带钻机				电钻
			孔径（mm）				功率(kW)
			64~102	64~127	102~165	105~180	1.5
(一)	折旧费	元	95.00	109.25	180.50	220.16	0.38
	修理及替换设备费	元	50.14	57.66	95.26	116.20	0.57
	安装拆卸费	元	1.17	1.42	2.23	2.71	
	小计	元	146.31	168.33	277.99	339.07	0.95
(二)	人工	工时	2.4	2.4	2.4	2.4	
	汽油	kg					
	柴油	kg	5.5	6.1	7.7	9.2	
	电	kWh					1.3
	风	m^3	155.3	279.5	322.9	372.6	
	水	m^3					
	煤	kg					
备注							
编号			1088	1089	1090	1091	1092

续表

凿岩台车					爬罐	液压平台车	装岩机
							抓斗式
风动		液压			电动		斗容(m^3)
三臂	四臂	二臂	三臂	四臂	STH-5E		0.4
158.33	180.95	203.57	337.25	361.90	138.18	23.26	17.70
87.71	105.55	112.78	186.84	211.00	108.09	20.54	18.58
2.06	2.70	2.90	4.38	5.18	2.25		1.15
248.10	289.20	319.25	528.47	578.08	248.52	43.80	37.43
7.3	8.6	6.3	7.3	8.6	5.7	2.7	2.4
7.2	9.6	3.2	7.2	9.6		16.0	
5.1	5.1	77.8	111.7	145.3	6.7		
2297.7	3042.9				298.1		1055.7
5.1	6.8	3.5	5.1	6.8	3.2		
1093	1094	1095	1096	1097	1098	1099	1100

项目		单位	装岩机				
			耙斗式	风动		电动	
			斗容（m^3）				
			0.6	0.12	0.26	0.2	0.6
(一)	折旧费	元	6.84	2.14	3.61	4.13	7.06
	修理及替换设备费	元	9.58	4.29	5.42	6.13	9.88
	安装拆卸费	元	0.44	0.16	0.27	0.24	0.39
	小计	元	16.86	6.59	9.30	10.50	17.33
(二)	人工	工时	2.4	1.3	2.4	2.4	2.4
	汽油	kg					
	柴油	kg					
	电	kWh	21.7			14.0	24.7
	风	m^3		218.0	714.2		
	水	m^3					
	煤	kg					
备注							
编号			1101	1102	1103	1104	1105

续表

装岩机	扒渣机				锚杆台车	水枪	缺口耙
电动	立爪式			蟹爪式			
斗容(m^3)	生产率(m^3/h)			功率(kW)			
0.75	100	120	150	55	435H	陕西20型	
11.60	39.00	42.67	46.33	43.64	261.25	0.63	0.58
15.66	15.92	17.42	18.92	30.55	129.06	1.52	1.71
0.61	0.49	0.53	0.58	4.22	2.61		
27.87	55.41	60.62	65.83	78.41	392.92	2.15	2.29
2.4	2.4	2.4	2.4	2.4	5.0 3.0	1.0	
33.4	18.1	22.0	30.8	39.8	80.0		
	LZ-100	LZ-120c	LBZ-150				
1106	1107	1108	1109	1110	1111	1112	1113

项目		单位	单齿松土器	犁		吊斗(桶)	
						斗容 (m^3)	
				三铧	五铧	0.2~0.6	2.0
(一)	折旧费	元	4.75	0.51	0.68	0.41	0.88
	修理及替换设备费	元	13.30	1.36	1.79	0.81	1.32
	安装拆卸费	元					
	小计	元	18.05	1.87	2.47	1.22	2.20
(二)	人工	工时					
	汽油	kg					
	柴油	kg					
	电	kWh					
	风	m^3					
	水	m^3					
	煤	kg					
备注							
编号			1114	1115	1116	1117	1118

续表

水力冲挖机组				液压喷播植草机			
高压水泵	水枪	泥浆泵	排泥管	JDZ-1.6V	JDZ-2.6V	JDZ-4.0V	JDZ-5.5V
15kW	Φ65mm	15kW	Φ100mm 长 100m	1600L	2600L	4000L	5500L
0.79	1.02	1.05	0.81	1.52	2.05	2.78	3.47
1.98	2.04	2.10	0.16	1.31	1.76	2.39	2.98
0.40		0.53		0.06	0.08	0.11	0.14
3.17	3.06	3.68	0.97	2.89	3.89	5.28	6.59
0.7	2.0	0.7		2.4	2.4	2.4	2.4
				4.6	5.1	5.8	6.9
14.0		12.0					
1119	1120	1121	1122	1123	1124	1125	1126

二、混凝土机械

项目		单位	混凝土搅拌机				强制式混凝土搅拌机
			出料（m^3）				
			0.25	0.4	0.8	1.0	0.25
（一）	折旧费	元	1.30	3.29	4.39	9.18	2.85
	修理及替换设备费	元	2.25	5.34	6.30	9.03	4.43
	安装拆卸费	元	0.45	1.07	1.35	2.25	1.12
	小计	元	4.00	9.70	12.04	20.46	8.40
（二）	人工	工时	1.3	1.3	1.3	1.3	1.3
	汽油	kg					
	柴油	kg					
	电	kWh	4.3	8.6	18.0	24.7	10.1
	风	m^3					
	水	m^3					
	煤	kg					
备注							
编号			2001	2002	2003	2004	2005

强制式混凝土搅拌机				混凝土搅拌站	
出料（m^3）				整体移动式	强制式
0.35	0.5	0.75	1.0	HZ-25	$60m^3/h$
3.99	6.08	9.50	12.35	25.38	245.44
6.18	9.18	14.13	16.67	19.74	96.18
1.55	2.29	3.48	4.38		
11.72	17.55	27.11	33.40	45.12	341.62
1.3	1.3	1.3	1.3	5.0	5.0
20.8	37.9	42.5	52.0	48.2	86.8
				※	※
2006	2007	2008	2009	2010	2011

项目		单位	混凝土搅拌车				
			轮胎式			轨道式	
			混凝土容积（m^3）				
			3.0	6.0	8.0	3.0	6.0
（一）	折旧费	元	27.64	60.45	63.64	7.47	12.27
	修理及替换设备费	元	53.03	116.00	122.12	6.67	10.96
	安装拆卸费	元	3.18	6.95	7.32	0.90	1.47
	小计	元	83.85	183.40	193.08	15.04	24.70
（二）	人工	工时	1.3	1.3	1.3	1.3	1.3
	汽油	kg					
	柴油	kg	10.1	12.2	14.8	2.5	3.4
	电	kWh					
	风	m^3					
	水	m^3					
	煤	kg					
备注							
编号			2012	2013	2014	2015	2016

续表

混凝土输送泵			混凝土泵车		真　空　泵		
输　出　量 (m^3/h)			排出量 (m^3/h)		功　　率 (kW)		
30	50	60	47	80	4.5	7.0	22
30.48	38.61	42.67	171.00	211.11	0.95	1.51	2.79
20.63	26.13	28.88	56.43	63.33	2.29	3.09	5.00
2.10	2.66	2.94	5.34	5.81	0.15	0.24	0.47
53.21	67.40	74.49	232.77	280.25	3.39	4.84	8.26
2.4	2.4	2.4	3.4	3.4	1.3	1.3	1.3
			9.0	13.0			
26.7	42.2	50.0			3.4	5.3	16.6
2017	2018	2019	2020	2021	2022	2023	2024

项目		单位	喷混凝土三联机	水泥枪	混凝土喷射机	
			油动	生产率（m^3/h）		
			40kW	1.2	4~5	6~10
（一）	折旧费	元	221.67	0.86	2.79	3.06
	修理及替换设备费	元	63.18	2.39	2.34	2.71
	安装拆卸费	元	5.54	0.16	0.18	0.21
	小计	元	290.39	3.41	5.31	5.98
（二）	人工	工时	3.4	1.3	2.4	2.4
	汽油	kg				
	柴油	kg	7.0			
	电	kWh		1.0	2.7	7.7
	风	m^3	438.4	167.1	526.6	745.2
	水	m^3				
	煤	kg				
备注						
编号			2025	2026	2027	2028

续表

喷浆机	振动器				
	插入式				平板式
	功率（kW）				
75L	1.1	1.5	2.2	4.0	2.2
2.28	0.32	0.51	0.54	0.60	0.43
7.30	1.22	1.80	1.86	1.98	1.24
0.34					
9.92	1.54	2.31	2.40	2.58	1.67
1.3					
2.0	0.8	1.1	1.7	3.0	1.7
111.8					
2029	2030	2031	2032	2033	2034

项目		单位	变频机组	四联振捣器	混凝土平仓振捣机	混凝土平仓机（挖掘臂式）	混凝土振动碾
			容量(kVA)				
			8.5	EX-60	40kW	油动 74kW	YZSIA
(一)	折旧费	元	3.48	25.94	68.97	39.58	4.02
	修理及替换设备费	元	7.96	38.18	48.00	56.20	3.20
	安装拆卸费	元		1.50		2.20	
	小计	元	11.44	65.62	116.97	97.98	7.22
(二)	人工	工时		2.1	1.3	1.3	1.3
	汽油	kg					
	柴油	kg		4.8	7.6	9.8	1.3
	电	kWh	6.4				
	风	m^3					
	水	m^3					
	煤	kg					
备注							
编号			2035	2036	2037	2038	2039

续表

混凝土振动碾			摊铺机	压力水冲洗机	高压冲毛机	五刷头刷毛机	切缝机
BW-75	BW-200	BW-202AD	TX150	PS-6.3	GCHJ50	PU-100	EX-100
7.76	66.50	93.10	6.11	0.59	6.89	43.76	35.27
4.05	34.71	48.41	2.25	0.89	10.33	32.71	23.93
			0.67	0.12	1.03	2.68	1.64
11.81	101.21	141.51	9.03	1.60	18.25	79.15	60.84
1.3	1.3	1.3	1.3	1.3	1.3	1.3	1.3
1.8	7.0	9.4	3.0			13.5	9.1
				8.3	25.0		
2040	2041	2042	2043	2044	2045	2046	2047

项目		单位	混凝土罐		风(砂)水枪	水泥拆包机	喂料小车
			容积(m^3)		耗风量(m^3/min)		
			1.0	2.0	6.0		
(一)	折旧费	元	0.61	1.05	0.24	14.88	4.56
	修理及替换设备费	元	1.92	2.17	0.42	23.97	4.10
	安装拆卸费	元					1.37
	小计	元	2.53	3.22	0.66	38.85	10.03
(二)	人工	工时				2.4	
	汽油	kg					
	柴油	kg					
	电	kWh				8.6	
	风	m^3			202.5		
	水	m^3			4.1		
	煤	kg					
备注							
编号			2048	2049	2050	2051	2052

续表

螺旋空气输送机	水泥真空卸料机	双仓泵	钢模台车		
生产率（t/h）			衬砌后断面面积（m^2）		
65	20~30	60	10	20	40
3.20	5.48	4.15	62.95	95.72	148.92
3.12	5.72	7.18	13.22	21.10	31.27
0.45	0.75	1.12			
6.77	11.95	12.45	76.17	116.82	180.19
1.3	3.4	1.3	7.0	7.0	7.0
68.7	42.4	103.0	6.3	7.9	10.0
1620.2		1456.0			
2053	2054	2055	2056	2057	2058

项目		单位	钢模台车			
			衬砌后断面面积 （m^2）			
			70	110	150	200
(一)	折旧费	元	216.65	297.16	371.79	460.06
	修理及替换设备费	元	45.50	62.40	78.08	96.61
	安装拆卸费	元				
	小计	元	262.15	359.56	449.87	556.67
(二)	人工	工时	7.0	7.0	7.0	7.0
	汽油	kg				
	柴油	kg				
	电	kWh	12.0	14.1	15.8	17.5
	风	m^3				
	水	m^3				
	煤	kg				
备注			含动力设备※			
编号			2059	2060	2061	2062

续表

滑模台车			
溢流面		混凝土面板	
分缝宽度（m）			
8.0	12	8.0	12
83.78	125.67	54.21	81.32
12.57	18.95	16.26	24.39
96.35	144.62	70.47	105.71
2.5	2.5	2.5	2.5
16.0	19.0	15.0	17.0
含动力设备※			
2063	2064	2065	2066

三、运输机械

项目		单位	载重汽车				
			载重量（t）				
			2.0	2.5	4.0	5.0	6.5
（一）	折旧费	元	4.85	5.12	7.04	7.77	10.97
	修理及替换设备费	元	6.77	7.15	9.84	10.86	12.01
	安装拆卸费	元					
	小计	元	11.62	12.27	16.88	18.63	22.98
（二）	人工	工时	1.3	1.3	1.3	1.3	1.3
	汽油	kg	4.2	4.2	7.2	7.2	
	柴油	kg					7.2
	电	kWh					
	风	m^3					
	水	m^3					
	煤	kg					
备注							
编号			3001	3002	3003	3004	3005

载重汽车					自卸汽车		
载重量（t）							
8	10	12	15	18	3.5	5.0	8.0
16.72	20.95	24.00	31.10	38.48	7.91	10.73	22.59
17.50	20.82	23.86	30.92	38.25	3.95	5.37	13.55
34.22	41.77	47.86	62.02	76.73	11.86	16.10	36.14
1.3	1.3	1.3	1.3	1.3	1.3	1.3	1.3
					7.7		
8.0	8.9	8.9	10.9	12.1		9.1	10.2
3006	3007	3008	3009	3010	3011	3012	3013

项目		单位	自卸汽车				
			载重量（t）				
			10	12	15	18	20
(一)	折旧费	元	30.49	34.13	42.67	48.00	50.53
	修理及替换设备费	元	18.30	23.89	29.87	31.20	32.84
	安装拆卸费	元					
	小计	元	48.79	58.02	72.54	79.20	83.37
(二)	人工	工时	1.3	1.3	1.3	1.3	1.3
	汽油	kg					
	柴油	kg	10.8	12.4	13.1	14.9	16.2
	电	kWh					
	风	m^3					
	水	m^3					
	煤	kg					
备注							
编号			3014	3015	3016	3017	3018

续表

平　板　挂　车

载重量（t）						
10	20	30	40	60	80	100
5.50	7.93	11.94	19.20	29.60	48.00	58.89
4.75	6.85	7.93	13.31	20.52	31.62	38.79
10.25	14.78	19.87	32.51	50.12	79.62	97.68
3019	3020	3021	3022	3023	3024	3025

项目		单位	汽车拖车头				
			牵引量（t）				
			10	20	30	40	60
(一)	折旧费	元	10.91	21.38	30.55	40.32	82.92
	修理及替换设备费	元	11.44	14.11	19.15	24.35	52.35
	安装拆卸费	元					
	小计	元	22.35	35.49	49.70	64.67	135.27
(二)	人工	工时	1.3	1.3	2.7	2.7	2.7
	汽油	kg	7.1				
	柴油	kg		8.3	10.2	10.9	14.8
	电	kWh					
	风	m^3					
	水	m^3					
	煤	kg					
备注							
编号			3026	3027	3028	3029	3030

续表

汽车拖车头		汽车挂车				洒水车	
牵引量(t)		载重量(t)				容量(m^3)	
80	100	1.5	3.0	5.0	8.0	2.5	4.0
106.02	125.22	0.67	0.96	1.71	2.45	6.44	11.29
60.49	71.44	1.34	1.77	3.24	3.79	7.66	12.48
166.51	196.66	2.01	2.73	4.95	6.24	14.10	23.77
2.7	2.7					1.3	1.3
						5.0	6.8
17.0	18.2						
3031	3032	3033	3034	3035	3036	3037	3038

项目		单位	洒水车		加油车	油罐汽车	
			容量（m^3）				
			4.8	8.0	8.0	4.0	4.8
（一）	折旧费	元	11.86	15.89	28.80	12.00	13.44
	修理及替换设备费	元	14.11	21.93	31.26	9.37	10.50
	安装拆卸费	元					
	小计	元	25.97	37.82	60.06	21.37	23.94
（二）	人工	工时	1.3	1.3	1.3	1.3	1.3
	汽油	kg	8.0			6.8	7.2
	柴油	kg		8.8	9.6		
	电	kWh					
	风	m^3					
	水	m^3					
	煤	kg					
备注							
编号			3039	3040	3041	3042	3043

续表

油罐汽车				沥青洒布车	散装水泥车		
容量 (m^3)					载重量 (t)		
7.0	8.0	10	15~18	3.5	3.5	7.0	10
17.76	20.95	26.18	56.35	13.44	11.12	14.35	23.56
13.87	19.89	23.68	63.94	15.53	9.81	14.33	22.98
31.63	40.84	49.86	120.29	28.97	20.93	28.68	46.54
1.3	1.3	1.3	2.4	1.3	1.3	1.3	1.3
				6.1	5.9		
9.0	10.0	11.0	16.9			8.0	10.1
3044	3045	3046	3047	3048	3049	3050	3051

项目		单位	散装水泥车			工程修理车	高空作业车
			载重量(t)				液压
			13	18	20	解放型	YZ12-A
(一)	折旧费	元	36.65	44.87	76.80	18.46	22.02
	修理及替换设备费	元	35.84	42.77	85.61	41.48	32.36
	安装拆卸费	元					
	小计	元	72.49	87.64	162.41	59.94	54.38
(二)	人工	工时	1.3	1.3	1.3	1.3	1.3
	汽油	kg				4.0	
	柴油	kg	10.9	16.0	16.2		9.0
	电	kWh					
	风	m^3		49.7	55.9		
	水	m^3					
	煤	kg					
备注							
编号			3052	3053	3054	3055	3056

续表

客货两用车	三轮卡车	胶轮车	机动翻斗车	电瓶搬运车
			载重量（t）	
130型			1.0	
7.47	0.79	0.26	1.22	0.96
8.51	1.28	0.64	1.22	0.98
15.98	2.07	0.90	2.44	1.94
1.3	1.3		1.3	1.3
4.0	2.0			
			1.5	
				4.0
3057	3058	3059	3060	3061

项目		单位	矿车	V型斗车		油罐车
			窄轨			准轨
			容积（m^3）			载重量(t)
			3.5	0.6	1.0	50
(一)	折旧费	元	1.61	0.43	0.68	10.31
	修理及替换设备费	元	0.56	0.11	0.18	3.92
	安装拆卸费	元				
	小计	元	2.17	0.54	0.86	14.23
(二)	人工	工时				
	汽油	kg				
	柴油	kg				
	电	kWh				
	风	m^3				
	水	m^3				
	煤	kg				
备注						
编号			3062	3063	3064	3065

续表

螺旋输送机							
螺旋（直径×长度）（mm×m）							
168×5	200×15	200×30	200×40	250×15	250×30	250×40	300×15
0.43	1.08	3.07	3.45	1.58	3.48	4.24	1.65
0.65	2.65	5.36	5.54	3.97	6.55	7.52	4.11
0.03	0.10	0.21	0.22	0.15	0.26	0.30	0.16
1.11	3.83	8.64	9.21	5.70	10.29	12.06	5.92
0.7	0.7	0.7	0.7	0.7	0.7	0.7	0.7
1.1	2.1	3.9	7.0	2.1	5.3	7.0	7.0
3066	3067	3068	3069	3070	3071	3072	3073

项目		单位	螺旋输送机				
			螺旋（直径×长度）（mm×m）				
			300×30	300×40	400×15	400×30	400×40
（一）	折旧费	元	3.86	4.62	1.84	4.12	4.91
	修理及替换设备费	元	7.29	8.21	4.61	9.42	10.75
	安装拆卸费	元	0.31	0.41	0.19	0.42	0.49
	小计	元	11.46	13.24	6.64	13.96	16.15
（二）	人工	工时	0.7	0.7	0.7	0.7	0.7
	汽油	kg					
	柴油	kg					
	电	kWh	9.1	11.9	7.0	11.9	18.2
	风	m^3					
	水	m^3					
	煤	kg					
备注							
编号			3074	3075	3076	3077	3078

续表

螺旋输送机					
螺旋（直径×长度）（mm×m）					
500×15	500×30	500×40	600×15	600×30	600×40
2.03	4.62	5.19	2.34	4.81	5.64
4.88	10.16	11.03	5.35	10.23	11.63
0.21	0.47	0.52	0.23	0.48	0.53
7.12	15.25	16.74	7.92	15.52	17.80
0.7	0.7	0.7	0.7	0.7	0.7
9.1	15.4	21.0	11.9	17.9	25.9
3079	3080	3081	3082	3083	3084

项目		单位	斗式提升机 型号(斗宽×提升高度)(mm×m)			
			D160×11.4	D250×21.6	D250×30	D350×21.7
(一)	折旧费	元	1.15	1.80	2.10	2.59
	修理及替换设备费	元	2.60	3.22	3.59	4.46
	安装拆卸费	元	0.39	0.57	0.65	0.80
	小计	元	4.14	5.59	6.34	7.85
(二)	人工	工时	1.3	1.3	1.3	1.3
	汽油	kg				
	柴油	kg				
	电	kWh	1.7	4.3	6.0	8.0
	风	m^3				
	水	m^3				
	煤	kg				
备注						
编号			3085	3086	3087	3088

续表

斗式提升机		胶带输送机					
型号(斗宽×提升高度)(mm×m)		移动式			固定式		
D450×23.7	HL300×27.6	带宽×带长 (mm×m)					
		500×10	500×15	500×20	500×30	500×50	500×75
3.28	2.39	1.87	2.31	2.67	2.91	3.14	4.53
4.83	4.58	2.22	2.72	3.15	3.52	4.67	6.96
0.92	0.79	0.23	0.28	0.32	0.35	0.48	0.71
9.03	7.76	4.32	5.31	6.14	6.78	8.29	12.20
1.3	1.3	0.7	0.7	0.7	0.7	1.0	1.0
8.3	8.3	3.1	3.5	4.3	4.8	5.5	12.8
3089	3090	3091	3092	3093	3094	3095	3096

项目		单位	胶带输送机				
			固定式				
			带宽×带长（mm×m）				
			650×30	650×50	650×75	650×100	650×125
(一)	折旧费	元	3.08	5.04	7.14	9.18	11.08
	修理及替换设备费	元	3.62	5.94	8.69	11.18	13.49
	安装拆卸费	元	0.37	0.61	0.89	1.15	1.39
	小计	元	7.07	11.59	16.72	21.51	25.96
(二)	人工	工时	0.7	1.0	1.0	1.3	1.3
	汽油	kg					
	柴油	kg					
	电	kWh	10.9	14.0	21.0	27.0	30.0
	风	m^3					
	水	m^3					
	煤	kg					
备注							
编号			3097	3098	3099	3100	3101

续表

胶带输送机							
固定式							
带宽×带长（mm×m）							
800×30	800×50	800×75	800×100	800×125	800×150	800×200	800×250
5.85	7.57	8.23	11.23	13.39	16.01	22.86	25.80
6.88	8.91	10.02	15.33	18.29	21.87	29.68	35.26
0.70	0.91	1.03	1.65	1.97	2.34	3.05	3.96
13.43	17.39	19.28	28.21	33.65	40.22	55.59	65.02
0.7	1.0	1.0	1.3	1.3	1.3	1.3	1.3
12.0	22.5	27.0	32.0	33.2	37.1	51.1	70.1
3102	3103	3104	3105	3106	3107	3108	3109

项目		单位	胶带输送机				
			固定式				
			带宽×带长（mm×m）				
			800×300	1000×50	1000×75	1000×100	1000×125
(一)	折旧费	元	29.39	9.01	10.45	13.18	14.84
	修理及替换设备费	元	40.17	10.59	12.72	17.11	20.29
	安装拆卸费	元	4.31	1.09	1.31	1.76	2.18
	小计	元	73.87	20.69	24.48	32.05	37.31
(二)	人工	工时	1.3	1.0	1.0	1.3	1.3
	汽油	kg					
	柴油	kg					
	电	kWh	93.1	26.3	28.1	35.0	36.9
	风	m^3					
	水	m^3					
	煤	kg					
备注							
编号			3110	3111	3112	3113	3114

续表

胶带输送机							
固定式							
带宽×带长（mm×m）							
1000×150	1000×200	1000×250	1000×300	1200×50	1200×75	1200×100	1200×125
17.52	24.64	29.39	36.22	10.09	13.94	16.01	19.27
23.94	31.99	40.17	47.02	11.88	16.96	20.78	25.01
2.57	3.29	4.31	4.83	1.22	1.74	2.13	2.57
44.03	59.92	73.87	88.07	23.19	32.64	38.92	46.85
1.3	1.3	1.3	1.3	1.0	1.0	1.3	1.3
50.9	70.0	92.9	102.7	29.2	49.0	50.9	69.1
3115	3116	3117	3118	3119	3120	3121	3122

项目		单位	胶带输送机				
			固定式				
			带宽×带长（mm×m）				
			1200×150	1200×200	1200×250	1200×300	1400×50
（一）	折旧费	元	26.62	30.37	35.92	42.75	11.53
	修理及替换设备费	元	34.57	41.50	46.64	55.50	13.56
	安装拆卸费	元	3.55	4.46	4.79	5.70	1.40
	小计	元	64.74	76.33	87.35	103.95	26.49
（二）	人工	工时	1.3	1.3	1.3	1.3	1.0
	汽油	kg					
	柴油	kg					
	电	kWh	72.4	106.0	119.1	142.4	36.9
	风	m^3					
	水	m^3					
	煤	kg					
备注							
编号			3123	3124	3125	3126	3127

续表

胶带输送机					
固定式					
带宽×带长（mm×m）					
1400×75	1400×100	1400×150	1400×200	1400×250	1400×300
16.37	18.94	28.17	36.00	45.40	51.06
19.93	24.59	36.58	49.20	58.94	69.78
2.05	2.53	3.76	5.28	6.05	7.49
38.35	46.06	68.51	90.48	110.39	128.33
1.0	1.3	1.3	1.3	1.3	1.3
50.9	69.1	106.0	119.1	142.4	169.0
3128	3129	3130	3131	3132	3133

四、起重机械

项目		单位	塔式起重机				
			起重量（t）				
			2.0	6.0	8.0	10	15
（一）	折旧费	元	8.94	24.94	36.66	41.37	52.25
	修理及替换设备费	元	3.12	9.17	12.81	16.89	19.81
	安装拆卸费	元	0.75	2.29	3.06	3.10	3.77
	小计	元	12.81	36.40	52.53	61.36	75.83
（二）	人工	工时	2.4	2.4	2.7	2.7	2.7
	汽油	kg					
	柴油	kg					
	电	kWh	11.3	21.1	27.2	36.7	45.4
	风	m^3					
	水	m^3					
	煤	kg					
备注							
编号			4001	4002	4003	4004	4005

履　带　起　重　机						
油　　动						
起　重　量（t）						
5.0	8.0	10	15	20	25	30
16.23	20.86	31.79	37.88	45.92	48.69	69.83
9.55	11.53	18.69	22.29	22.90	23.25	32.99
0.60	0.66	1.18	1.41	1.46	1.55	2.21
26.38	33.05	51.66	61.58	70.28	73.49	105.03
2.4	2.4	2.4	2.4	2.4	2.4	2.4
7.7	7.9	8.3	11.9	12.4	14.9	15.0
4006	4007	4008	4009	4010	4011	4012

项目		单位	履带起重机				
			油动				电动
			起重量（t）				
			40	50	90	100	50
（一）	折旧费	元	87.78	107.59	320.62	472.26	95.00
	修理及替换设备费	元	41.47	42.90	75.21	110.98	41.30
	安装拆卸费	元	2.33	2.85	2.90	2.93	1.34
	小计	元	131.58	153.34	398.73	586.17	137.64
（二）	人工	工时	2.4	2.4	2.4	2.4	2.4
	汽油	kg					
	柴油	kg	16.0	18.6	21.0	22.2	
	电	kWh					78.3
	风	m^3					
	水	m^3					
	煤	kg					
备注							
编号			4013	4014	4015	4016	4017

续表

履带起重机	汽车起重机						
电动							
起重量（t）							
63.4	5.0	6.3	8.0	10	16	20	25
108.10	12.92	17.86	20.90	25.08	37.62	46.14	74.64
44.65	12.42	13.13	14.66	17.45	26.17	28.94	40.31
1.38							
154.13	25.34	30.99	35.56	42.53	63.79	75.08	114.95
2.4	2.7	2.7	2.7	2.7	2.7	2.7	2.7
	5.8						
		5.8	7.7	7.7	11.1	11.6	12.4
100.9							
4018	4019	4020	4021	4022	4023	4024	4025

项目		单位	汽车起重机				
			起重量（t）				
			30	40	50	70	90
（一）	折旧费	元	84.82	166.25	220.54	339.28	407.14
	修理及替换设备费	元	45.80	89.78	113.13	174.06	208.89
	安装拆卸费	元					
	小计	元	130.62	256.03	333.67	513.34	616.03
（二）	人工	工时	2.7	2.7	2.7	2.7	2.7
	汽油	kg					
	柴油	kg	14.7	16.9	18.9	21.0	21.0
	电	kWh					
	风	m^3					
	水	m^3					
	煤	kg					
备注							
编号			4026	4027	4028	4029	4030

续表

汽车起重机				轮胎起重机			
起重量（t）							
100	110	130	200	8.0	10	15	16
475.00	502.14	542.85	814.29	19.20	21.23	22.13	29.39
243.68	257.60	278.48	417.73	10.75	11.89	12.39	15.64
718.68	759.74	821.33	1232.02	29.95	33.12	34.52	45.03
2.7	2.7	2.7	2.7	2.4	2.4	2.4	2.4
21.0	22.0	22.0	25.1	5.9	5.9	7.0	7.3
4031	4032	4033	4034	4035	4036	4037	4038

项目		单位	轮胎起重机				
			起重量（t）				
			20	25	35	40	100~125
(一)	折旧费	元	34.73	51.36	68.28	83.13	317.66
	修理及替换设备费	元	18.26	27.00	37.78	43.70	171.53
	安装拆卸费	元					
	小计	元	52.99	78.36	106.06	126.83	489.19
(二)	人工	工时	2.4	2.4	2.4	2.4	2.7
	汽油	kg					
	柴油	kg	7.4	9.6	11.0	11.4	21.0
	电	kWh					
	风	m^3					
	水	m^3					
	煤	kg					
备注							
编号			4039	4040	4041	4042	4043

续表

桅杆式起重机					链式起重机		
					手动		
起重量（t）							
5.0	10	15	25	40	1.0	2.0	3.0
7.92	9.82	12.98	13.62	16.15	0.07	0.13	0.15
5.39	6.68	8.84	9.27	10.99	0.04	0.05	0.06
2.84	4.16	5.26	5.51	6.54			
16.15	20.66	27.08	28.40	33.68	0.11	0.18	0.21
2.4	2.4	2.4	2.4	2.4			
18.1	26.7	41.6	46.9	66.7			
4044	4045	4046	4047	4048	4049	4050	4051

项目		单位	链式起重机 手动	电动葫芦			
			起重量（t）				
			5.0	0.5	1.0	2.0	3.0
（一）	折旧费	元	0.24	0.76	0.91	1.11	1.24
	修理及替换设备费	元	0.08	0.47	0.56	0.67	0.76
	安装拆卸费	元					
	小计	元	0.32	1.23	1.47	1.78	2.00
（二）	人工	工时					
	汽油	kg					
	柴油	kg					
	电	kWh		1.0	2.0	3.0	4.0
	风	m^3					
	水	m^3					
	煤	kg					
备注							
编号			4052	4053	4054	4055	4056

续表

电动葫芦	千斤顶					张拉千斤顶	
起重量（t）							
5.0	≤10	50	100	200	300	YKD-18	YCQ-100
1.77	0.05	0.12	0.42	0.54	0.86	0.28	1.08
1.02	0.02	0.06	0.12	0.18	0.29	0.08	0.31
2.79	0.07	0.18	0.54	0.72	1.15	0.36	1.39
5.0							
4057	4058	4059	4060	4061	4062	4063	4064

项目		单位	张拉千斤顶		卷扬机 单筒慢速 起重量(t)		
			YCW-250	YCW-350	1.0	2.0	3.0
(一)	折旧费	元	1.52	1.81	0.43	1.21	1.75
	修理及替换设备费	元	0.43	0.51	0.17	0.47	0.68
	安装拆卸费	元			0.01	0.02	0.03
	小计	元	1.95	2.32	0.61	1.70	2.46
(二)	人工	工时			1.0	1.0	1.0
	汽油	kg					
	柴油	kg					
	电	kWh			3.0	4.0	5.4
	风	m^3					
	水	m^3					
	煤	kg					
备注							
编号			4065	4066	4067	4068	4069

续表

卷扬机						
单筒慢速			单筒快速			
起重量（t）						
5.0	8.0	10	1.0	2.0	3.0	5.0
2.97	5.99	19.64	0.69	1.70	3.74	6.23
1.16	2.34	7.66	0.27	0.66	1.46	2.43
0.05	0.09	0.30	0.01	0.03	0.06	0.10
4.18	8.42	27.60	0.97	2.39	5.26	8.76
1.3	1.3	1.3	1.0	1.0	1.0	1.3
7.9	15.9	17.1	5.4	7.9	10.1	21.6
4070	4071	4072	4073	4074	4075	4076

项目		单位	卷扬机				
			双筒慢速			双筒快速	
			起重量（t）				
			3.0	5.0	10	1.0	2.0
（一）	折旧费	元	4.90	5.89	25.53	0.96	2.80
	修理及替换设备费	元	1.91	2.30	9.96	0.37	1.09
	安装拆卸费	元	0.08	0.09	0.39	0.01	0.04
	小计	元	6.89	8.28	35.88	1.34	3.93
（二）	人工	工时	1.3	1.3	1.3	1.0	1.0
	汽油	kg					
	柴油	kg					
	电	kWh	8.6	10.1	17.1	5.8	11.7
	风	m^3					
	水	m^3					
	煤	kg					
备注							
编号			4077	4078	4079	4080	4081

续表

卷扬机				卷扬台车	箕斗		单层罐笼（t）
双筒快速							
起重量（t）					斗容（m^3）		
3.0	5.0	8.0	10		0.6	1.0	1.1
5.24	7.17	14.05	29.83	44.53	1.32	1.70	20.36
2.04	2.80	5.48	11.63	45.87	0.36	0.46	18.32
0.08	0.11	0.22	0.46	3.56			
7.36	10.08	19.75	41.92	93.96	1.68	2.16	38.68
1.0	1.3	1.3	1.3	2.7			
17.1	28.8	42.8	46.1	100.0			
4082	4083	4084	4085	4086	4087	4088	4089

项目		单位	绞车				
			单筒				
			卷筒直径×卷筒宽度 （m×m）				
			1.2×1.0 30kW	2×1.5 55kW	1.2×1.0 75kW	1.6×1.2 110kW	2.0×1.5 155kW
（一）	折旧费	元	7.03	11.28	14.51	20.05	39.19
	修理及替换设备费	元	2.74	4.40	5.66	7.82	15.28
	安装拆卸费	元	0.11	0.17	0.22	0.31	0.60
	小计	元	9.88	15.85	20.39	28.18	55.07
（二）	人工	工时	1.3	1.3	1.3	1.3	1.3
	汽油	kg					
	柴油	kg					
	电	kWh	21.7	39.7	54.2	79.5	112.0
	风	m^3					
	水	m^3					
	煤	kg					
备注							
编号			4090	4091	4092	4093	4094

续表

绞车						
双筒						
卷筒直径×卷筒宽度 （m×m）						
1.2×1.0 30kW	2.0×1.5 30kW	1.2×1.0 55kW	1.2×1.0 75kW	1.6×1.2 110kW	1.6×1.2 155kW	2.0×1.5 155kW
8.31 3.24 0.13 11.68	11.28 4.40 0.17 15.85	14.84 5.79 0.23 20.86	20.35 7.94 0.31 28.60	22.56 8.80 0.35 31.71	26.13 10.19 0.40 36.72	42.75 16.67 0.86 60.28
1.3 21.7	1.3 21.7	1.3 39.7	1.3 54.2	1.3 79.5	1.3 112.0	1.3 112.0
4095	4096	4097	4098	4099	4100	4101

五、砂石料加工机械

项目		单位	颚式破碎机 进料口(宽度×长度) (mm×mm)				
			60×100	150×250	200×350	250×400	250×1000
(一)	折旧费	元	0.48	1.15	2.06	3.06	9.68
	修理及替换设备费	元	3.71	5.24	8.65	11.57	24.49
	安装拆卸费	元	0.14	0.25	0.44	0.64	1.55
	小计	元	4.33	6.64	11.15	15.27	35.72
(二)	人工	工时	1.3	1.3	1.3	1.3	1.3
	汽油	kg					
	柴油	kg					
	电	kWh	0.6	3.1	5.0	12.3	28.0
	风	m^3					
	水	m^3					
	煤	kg					
备注							
编号			5001	5002	5003	5004	5005

颚 式 破 碎 机

进料口(宽度×长度) (mm×mm)							
400×600	450×600	450×750	500×750	600×900	900×1200	1200×1500	1500×2100
6.88	7.92	10.69	11.48	28.68	76.48	145.47	263.51
18.18	20.50	27.14	29.04	71.80	133.79	254.49	460.98
1.09	1.26	1.70	1.84	4.55	8.74	16.63	30.12
26.15	29.68	39.53	42.36	105.03	219.01	416.59	754.61
1.3	1.3	1.3	1.3	1.3	1.3	1.3	1.3
21.2	22.7	37.8	41.6	60.5	83.2	136.1	189.0
5006	5007	5008	5009	5010	5011	5012	5013

项目		单位	圆振动筛				自定中心振动筛
			筛面(宽×长) (mm×mm)				
			1500×4800	1800×4800	2100×6000	2400×6000	900×1800
(一)	折旧费	元	8.82	9.97	15.80	19.06	1.83
	修理及替换设备费	元	14.73	16.65	26.38	31.83	3.11
	安装拆卸费	元	0.21	0.24	0.38	0.46	0.04
	小计	元	23.76	26.86	42.56	51.35	4.98
(二)	人工	工时	1.3	1.3	1.3	1.3	1.3
	汽油	kg					
	柴油	kg					
	电	kWh	10.5	11.7	15.9	21.7	1.6
	风	m^3					
	水	m^3					
	煤	kg					
备注							
编号			5014	5015	5016	5017	5018

续表

自定中心振动筛						惯性振动筛	
筛面(宽×长) (mm×mm)							
1250×2500	1250×3000	1250×4000	1500×3000	1500×4000	1800×3600	1250×2500	1500×3000
2.66	3.92	4.41	4.57	6.40	8.48	2.38	3.40
4.03	5.45	5.94	5.98	7.18	9.50	7.04	8.15
0.06	0.09	0.10	0.10	0.14	0.19	0.09	0.11
6.75	9.46	10.45	10.65	13.72	18.17	9.51	11.66
1.3	1.3	1.3	1.3	1.3	1.3	1.3	1.3
4.0	4.7	5.4	5.4	8.0	13.0	4.0	4.0
5019	5020	5021	5022	5023	5024	5025	5026

项目		单位	重型振动筛				
			筛面(宽×长) (mm×mm)				
			1500×3000	1750×3500	1800×3600	2100×6000	2400×6000
(一)	折旧费	元	4.08	5.61	10.54	22.01	23.96
	修理及替换设备费	元	7.47	9.81	18.44	38.51	41.93
	安装拆卸费	元	0.11	0.14	0.26	0.55	0.60
	小计	元	11.66	15.56	29.24	61.07	66.49
(二)	人工	工时	1.3	1.3	1.3	1.3	1.3
	汽油	kg					
	柴油	kg					
	电	kWh	8.0	10.8	15.9	21.7	28.9
	风	m^3					
	水	m^3					
	煤	kg					
备注							
编号			5027	5028	5029	5030	5031

续表

共振筛					偏心半振动筛	直线振动筛	
筛面(宽×长)　(mm×mm)							
1000×2500	1200×3000	1250×3000	1500×3000	1500×4000	1250×3000	1200×4800	1500×4800
2.63	3.07	3.36	3.65	4.60	2.98	10.32	15.80
5.51	6.42	7.04	7.65	9.63	6.33	12.39	18.95
0.06	0.07	0.08	0.09	0.11	0.10	0.31	0.47
8.20	9.56	10.48	11.39	14.34	9.41	23.02	35.22
1.3	1.3	1.3	1.3	1.3	1.3	1.3	1.3
2.2	3.1	3.1	4.0	5.4	5.4	8.0	8.6
5032	5033	5034	5035	5036	5037	5038	5039

项目		单位	直线振动筛			给料机	
			筛面(宽×长)(mm×mm)			圆盘式	重型槽式(mm×mm)
			1800×4800	2100×6000	2400×6000	DB-1600	900×2100
(一)	折旧费	元	18.27	26.56	29.03	2.87	4.66
	修理及替换设备费	元	21.92	31.87	34.84	5.80	7.09
	安装拆卸费	元	0.55	0.80	0.87	0.21	0.25
	小计	元	40.74	59.23	64.74	8.88	12.00
(二)	人工	工时	1.3	1.3	1.3	1.3	1.3
	汽油	kg					
	柴油	kg					
	电	kWh	10.8	15.9	17.1	2.9	5.4
	风	m^3					
	水	m^3					
	煤	kg					
备注							
编号			5040	5041	5042	5043	5044

给　　料　　机

重型槽式(mm×mm)		叶轮式	电磁式	重型板式
1100×2700	1250×3200	Φ400×400	45DA	1200×4500
7.86	10.52	1.32	2.34	4.02
11.95	15.98	2.06	3.47	7.55
0.42	0.56	0.09	0.15	0.31
20.23	27.06	3.47	5.96	11.88
1.3	1.3	1.3	1.3	1.3
8.0	10.8	2.2	2.2	5.4
5045	5046	5047	5048	5049

六、钻孔灌浆机械

项目		单位	地质钻机				冲击钻机
			100 型	150 型	300 型	500 型	CZ-20
(一)	折旧费	元	2.99	3.80	4.51	5.18	8.50
	修理及替换设备费	元	7.31	8.56	9.36	10.80	14.02
	安装拆卸费	元	1.83	2.37	2.76	3.64	3.69
	小计	元	12.13	14.73	16.63	19.62	26.21
(二)	人工	工时	2.8	2.9	2.9	2.9	2.9
	汽油	kg					
	柴油	kg					
	电	kWh	6.7	10.7	15.0	18.3	17.8
	风	m^3					
	水	m^3					
	煤	kg					
备注							
编号			6001	6002	6003	6004	6005

冲击钻机		大口径岩芯钻	大口径工程钻	反循环钻机	反井钻机	冲击式反循环钻机	
CZ-22	CZ-30	Φ1.2m	GJC-40H	SFZ-150	LM-200	CZF-1200	CZF-1500
16.50	28.50	42.60	95.00	22.35	96.43	26.63	36.10
23.42	39.43	68.59	154.95	41.55	158.15	42.59	57.76
6.19	10.59	16.20	34.54	8.99	49.28	10.65	14.44
46.11	78.52	127.39	284.49	72.89	303.86	79.87	108.30
2.9	2.9	3.9	3.4	2.9	5.3	3.8	3.8
			10.1				
19.6	35.6	92.5		68.2	69.3	21.7	32.5
					31.0		
6006	6007	6008	6009	6010	6011	6012	6013

项目		单位	液压铣槽机 BC-30	液压开槽机	自行射水成槽机	泥浆净化机 JHB-200	泥浆净化系统 BE-500
(一)	折旧费	元	2456.42	39.10	33.68	5.81	184.35
	修理及替换设备费	元	1473.86	54.74	45.80	4.64	82.96
	安装拆卸费	元		15.64	13.47	1.45	
	小计	元	3930.28	109.48	92.95	11.90	267.31
(二)	人工	工时	7.5	5.0	5.0	1.8	4.2
	汽油	kg					
	柴油	kg	108.0				
	电	kWh		79.0	88.0	19.0	82.0
	风	m^3					
	水	m^3					
	煤	kg					
备注							
编号			6014	6015	6016	6017	6018

续表

灌浆自动记录仪	泥浆搅拌机	灰浆搅拌机	高速搅拌机	泥浆泵	灌浆泵		
				HB80/10型3PN	中低压		高压
			NJ-1500		泥浆	砂浆	泥浆
6.65	3.21	0.83	3.56	0.45	2.38	2.76	4.43
3.99	6.51	2.28	8.91	1.16	6.95	7.76	11.94
0.67	0.58	0.20	0.71	0.23	0.57	0.64	0.96
11.31	10.30	3.31	13.18	1.84	9.90	11.16	17.33
2.1	1.3	1.3	1.3	1.3	2.4	2.4	2.4
0.1	12.9	6.3	12.5	2.9	13.2	10.1	17.9
6019	6020	6021	6022	6023	6024	6025	6026

项目		单位	灰浆泵	高压水泵	搅灌机	旋定摆提升装置	高喷台车
			功率(kW)				
			4.0	75	WJG-80		
(一)	折旧费	元	1.78	3.57	3.33	2.14	6.00
	修理及替换设备费	元	6.33	12.12	8.13	8.55	9.20
	安装拆卸费	元	0.89	1.78	0.59	0.33	2.51
	小计	元	9.00	17.47	12.05	11.02	17.71
(二)	人工	工时	1.3	1.3	3.7	2.7	1.3
	汽油	kg					
	柴油	kg					
	电	kWh	4.0	72.5	9.0	6.0	3.0
	风	m^3					
	水	m^3					
	煤	kg					
备注							
编号			6027	6028	6029	6030	6031

续表

柴油打桩机				振冲器			锻钎机
锤头重量（t）							
1~2	2~4	4~6	6~8	ZCQ-13	ZCQ-30	ZCQ-75	
3.01	15.83	19.98	30.23	8.08	9.98	19.00	2.38
7.10	33.59	43.81	76.62	8.22	9.48	10.21	5.60
2.22	11.25	14.19	25.82	0.75	0.87	1.58	0.26
12.33	60.67	77.98	132.67	17.05	20.33	30.79	8.24
3.9	3.9	3.9	3.9	1.3	1.3	1.3	1.3
3.0	4.0	5.0	6.0				
				10.1	21.7	45.9	
							144.0
下限<锤头重量(t)≤上限							
6032	6033	6034	6035	6036	6037	6038	6039

七、动力机械

项目		单位	工业锅炉				
			蒸发量（t）				
			0.5	1.0	1.5	2.0	4.0
（一）	折旧费	元	4.28	6.58	7.42	8.88	11.23
	修理及替换设备费	元	2.78	3.88	4.60	5.50	7.29
	安装拆卸费	元	0.71	0.96	1.17	1.41	1.85
	小计	元	7.77	11.42	13.19	15.79	20.37
（二）	人工	工时	1.0	2.4	2.4	2.4	2.4
	汽油	kg					
	柴油	kg					
	电	kWh					
	风	m^3					
	水	m^3	0.6	1.4	1.9	2.6	3.6
	煤	kg	84.1	201.1	252.8	377.4	484.5
备注							
编号			7001	7002	7003	7004	7005

工业锅炉		空压机					
		电动移动式				油动移动式	
蒸发量(t)		排气量 (m^3/min)					
6.0	10.0	0.6	3.0	6.0	9.0	3.0	6.0
13.84	17.76	0.32	1.52	2.24	3.40	1.80	3.98
8.99	13.10	0.89	3.13	4.59	4.91	3.51	7.14
2.34	3.28	0.10	0.43	0.67	0.85	0.58	1.05
25.17	34.14	1.31	5.08	7.50	9.16	5.89	12.17
3.4	3.4	1.3	1.3	1.3	1.3	1.3	1.3
						4.9	12.0
		4.2	15.1	30.2	45.4		
5.8	9.4						
773.2	1288.5						
7006	7007	7008	7009	7010	7011	7012	7013

项目		单位	空压机				
			油动移动式			电动固定式	
			排气量（m^3/min）				
			9.0	17	20	9.0	15
（一）	折旧费	元	5.53	11.89	19.08	2.93	4.09
	修理及替换设备费	元	8.83	18.38	25.65	3.80	4.79
	安装拆卸费	元	1.39	3.12	5.01	0.54	0.75
	小计	元	15.75	33.39	49.74	7.27	9.63
（二）	人工	工时	2.4	2.4	2.4	1.3	1.3
	汽油	kg					
	柴油	kg	17.1	24.9	38.9		
	电	kWh				56.7	71.8
	风	m^3					
	水	m^3					
	煤	kg					
备注							
编号			7014	7015	7016	7017	7018

续表

空压机						汽油发电机	
电动固定式					油动固定式	移动式	固定式
排气量 (m^3/min)						功率 (kW)	
20	40	60	93	103	12	15	55
5.92	11.13	13.11	18.06	20.04	4.70	3.98	3.62
6.82	13.62	14.13	19.46	21.59	7.66	11.43	5.28
1.01	2.33	2.54	3.50	3.88	1.10	1.32	0.84
13.75	27.08	29.78	41.02	45.51	13.46	16.73	9.74
1.8	1.8	2.7	2.7	2.7	2.4	1.3	1.8
						3.7	13.5
					18.9		
98.3	189.0	264.6	378.0	415.8			
7019	7020	7021	7022	7023	7024	7025	7026

项目		单位	柴油发电机				
			移动式				
			功率（kW）				
			20	30	40	50	60
（一）	折旧费	元	1.44	2.05	2.25	2.59	3.26
	修理及替换设备费	元	3.08	4.36	5.33	5.53	6.74
	安装拆卸费	元	0.50	0.59	0.79	0.89	1.02
	小计	元	5.02	7.00	8.37	9.01	11.02
（二）	人工	工时	1.8	1.8	1.8	1.8	2.4
	汽油	kg					
	柴油	kg	4.9	7.4	9.8	11.5	13.8
	电	kWh					
	风	m^3					
	水	m^3					
	煤	kg					
备注							
编号			7027	7028	7029	7030	7031

续表

柴油发电机							柴油发电机组
移动式	固定式						
功率（kW）							
85	160	200	250	400	440	480	1000
3.79	6.53	9.14	11.75	21.27	21.52	22.02	51.70
7.51	9.70	11.70	12.85	23.24	27.04	27.43	45.08
1.14	1.72	1.90	2.35	4.48	4.73	5.25	7.18
12.44	17.95	22.74	26.95	48.99	53.29	54.70	103.96
2.4	3.9	3.9	3.9	5.6	5.6	5.6	6.9
18.6	33.7	37.4	46.8	66.8	73.5	80.2	167.1
7032	7033	7034	7035	7036	7037	7038	7039

八、其他机械

项目		单位	离心水泵				
			单级				
			功率（kW）				
			5～10	11～17	22	30	55
(一)	折旧费	元	0.19	0.31	0.43	0.64	1.08
	修理及替换设备费	元	1.08	1.76	2.40	3.60	4.36
	安装拆卸费	元	0.32	0.51	0.70	1.05	1.24
	小计	元	1.59	2.58	3.53	5.29	6.68
(二)	人工	工时	1.3	1.3	1.3	1.3	1.3
	汽油	kg					
	柴油	kg					
	电	kWh	9.1	15.5	20.1	27.4	50.2
	风	m^3					
	水	m^3					
	煤	kg					
备注							
编号			8001	8002	8003	8004	8005

离心水泵							
单级	单级双吸				多级		
功率（kW）							
75	20	55	100	135	7.0	14	40
1.37	1.07	1.41	2.05	3.08	0.36	0.53	2.53
5.49	4.37	7.75	11.16	12.91	1.30	1.85	7.83
1.56	1.23	2.20	2.94	3.41	0.41	0.59	2.63
8.42	6.67	11.36	16.15	19.40	2.07	2.97	12.99
1.3	1.3	1.3	1.3	1.3	1.3	1.3	1.3
68.5	19.3	53.2	96.7	130.5	7.0	14.0	40.0
8006	8007	8008	8009	8010	8011	8012	8013

项目		单位	离心水泵			潜水泵	
			多级				
			功率（kW）				
			100	230	410	2.2	7.0
(一)	折旧费	元	4.58	5.88	6.92	0.40	0.62
	修理及替换设备费	元	10.54	13.18	13.48	1.99	2.87
	安装拆卸费	元	4.02	4.83	4.94	0.66	1.02
	小计	元	19.14	23.89	25.34	3.05	4.51
(二)	人工	工时	1.3	1.3	1.3	1.3	1.3
	汽油	kg					
	柴油	kg					
	电	kWh	100.1	230.1	410.2	1.9	6.0
	风	m^3					
	水	m^3					
	煤	kg					
备注							
编号			8014	8015	8016	8017	8018

续表

潜水泵	深井泵	电焊机				
功率（kW）		直流（kW）			交流（kVA）	
34	14	9.6	20	30	25	50
1.80	1.28	0.45	0.94	1.03	0.33	0.54
5.07	2.37	0.30	0.60	0.68	0.30	0.51
2.20	1.01	0.08	0.17	0.19	0.09	0.16
9.07	4.66	0.83	1.71	1.90	0.72	1.21
1.3 29.2	1.3 12.0	9.6	20.0	30.0	14.5	36.1
8019	8020	8021	8022	8023	8024	8025

项目		单位	钢筋弯曲机	钢筋切断机		
				功率（kW）		
			Φ6～40	7.0	10	20
（一）	折旧费	元	0.53	0.75	0.89	1.18
	修理及替换设备费	元	1.45	1.13	1.32	1.71
	安装拆卸费	元	0.24	0.18	0.22	0.28
	小计	元	2.22	2.06	2.43	3.17
（二）	人工	工时	1.3	1.3	1.3	1.3
	汽油	kg				
	柴油	kg				
	电	kWh	6.0	6.0	8.6	17.2
	风	m^3				
	水	m^3				
	煤	kg				
备注						
编号			8026	8027	8028	8029

续表

钢筋调直机	圆盘锯	平面刨床	通风机	单级离心清水泵
功 率 (kW)				
4～14			≤8m³/min	12.5m³/h 20m
1.60	0.4	0.6	1.12	0.06
2.69	1.17	0.62	1.11	0.34
0.44	0.05	0.08	0.23	0.10
4.73	1.62	1.30	2.46	0.50
1.3	2.4	1.3	0.7	1.0
7.2	7.1	3.1	13.4	1.38
8030	8031	8032	8033	8034

附录二

附录二-1　土石方松实系数

项　　目	自然方	松　方	实　方	码　方
土　　方	1	1.33	0.85	
石　　方	1	1.53	1.31	
砂　　方	1	1.07	0.94	
混合料	1	1.19	0.88	
块　　石	1	1.75	1.43	1.67

注:1.松实系数是指土石料体积的比例关系,供一般土石方工程换算时参考。

2.块石实方指堆石坝坝体方,块石松方即块石堆方。

附录二-2　一般工程土类分级表

土类级别	土类名称	自然湿密度（kg/m^3）	外形特征	开挖方法
Ⅰ	1.砂土 2.种植土	1650~1750	疏松、粘着力差或易透水,略有粘性	用锹或略加脚踩开挖
Ⅱ	1.壤土 2.淤泥 3.含壤种植土	1750~1850	开挖时能成块,并易打碎	用锹需用脚踩开挖
Ⅲ	1.粘土 2.干燥黄土 3.干淤泥 4.含少量砾石粘土	1800~1900	粘手,看不见砂粒或干硬	用镐、三齿耙开挖或用锹需用力加脚踩开挖
Ⅳ	1.坚硬粘土 2.砾石粘土 3.含卵石粘土	1900~2100	土壤结构坚硬,将土分裂后成块状或含粘粒砾石较多	用镐、三齿耙工具开挖

附录二-3　岩石分级表

岩石级别	岩石名称	实体岩石自然湿度时的平均密度（kg/m^3）	净钻时间（min/m）			极限抗压强度（kg/cm^2）	强度系数 f
			用直径 30mm 合金钻头，凿岩机打眼（工作气压为 4.5 气压）	用直径 30mm 淬火钻头，凿岩机打眼（工作气压为 4.5 气压）	用直径 25mm 钻杆，人工单人打眼		
1	2	3	4	5	6	7	8
V	1.砂藻土及软的白垩岩 2.硬的石炭纪的粘土 3.胶结不紧的砾岩 4.各种不坚实的页岩	1550 1950 1900～2200 2000		≤3.5	≤30	≤200	1.5～2
Ⅵ	1.软的有孔隙的节理多的石灰岩及贝壳石灰岩 2.密实的白垩 3.中等坚实的页岩 4.中等坚实的泥灰岩	2200 2600 2700 2300		4 （3.5～4.5）	45 （30～60）	200～400	2～4

续表

岩石级别	岩石名称	实体岩石自然湿度时的平均密度（kg/m^3）	净钻时间(min/m)			极限抗压强度（kg/cm^2）	强度系数 f
			用直径30mm合金钻头，凿岩机打眼（工作气压为4.5气压）	用直径30mm淬火钻头，凿岩机打眼（工作气压为4.5气压）	用直径25mm钻杆，人工单人打眼		
1	2	3	4	5	6	7	8
Ⅶ	1.火成岩卵石经石灰质胶结而成的砾石	2200		6（4.5~7）	78（61~95）	400~600	4~6
	2.风化的节理多的粘土质砂岩	2200					
	3.坚硬的泥质页岩	2800					
	4.坚实的泥灰岩	2500					
Ⅷ	1.角砾状花岗岩	2300	6.8（5.7~7.7）	8.5（7.1~10）	115（96~135）	600~800	6~8
	2.泥灰质石灰岩	2300					
	3.粘土质砂岩	2200					
	4.云母页岩及砂质页岩	2300					
	5.硬石膏	2900					

续表

岩石级别	岩石名称	实体岩石自然湿度时的平均密度（kg/m³）	净钻时间(min/m)			极限抗压强度（kg/cm²）	强度系数 f
			用直径30mm合金钻头,凿岩机打眼（工作气压为4.5气压）	用直径30mm淬火钻头,凿岩机打眼（工作气压为4.5气压）	用直径25mm钻杆,人工单人打眼		
1	2	3	4	5	6	7	8
Ⅸ	1.软的风化较甚的花岗岩、片麻岩及正常岩 2.滑石质的蛇纹岩 3.密实的石灰岩 4.水成岩卵石经硅质胶结的砾岩 5.砂岩 6.砂质石灰质的页岩	2500 2400 2500 2500 2500 2500	8.5 （7.8~9.2）	11.5 （10.1~13）	157 （136~175）	800~1000	8~10
Ⅹ	1.白云岩 2.坚实的石灰岩 3.大理石 4.石灰质胶结的致密的砂岩 5.坚硬的砂质页岩	2700 2700 2700 2600 2600	10 （9.3~10.8）	15 （13.1~17）	195 （176~215）	1000~1200	10~12

续表

岩石级别	岩石名称	实体岩石自然湿度时的平均密度（kg/m³）	净钻时间(min/m)			极限抗压强度（kg/cm²）	强度系数 f
			用直径 30mm 合金钻头,凿岩机打眼（工作气压为 4.5 气压）	用直径 30mm 淬火钻头,凿岩机打眼（工作气压为 4.5 气压）	用直径 25mm 钻杆,人工单人打眼		
1	2	3	4	5	6	7	8
Ⅺ	1.粗粒花岗岩 2.特别坚实的白云岩 3.蛇纹岩 4.火成岩卵石经石灰质胶结的砾岩 5.石灰质胶结的坚实的砂岩 6.粗粒正长岩	2800 2900 2600 2800 2700 2700	11.2 （10.9~11.5）	18.5 （17.1~20）	240 （216~260）	1200~1400	12~14
Ⅻ	1.有风化痕迹的安山岩及玄武岩 2.片麻岩、粗面岩 3.特别坚实的石灰岩 4.火成岩卵石经硅质胶结之砾岩	2700 2600 2900 2600	12.2 （11.6~13.3）	22 （20.1~25）	290 （261~320）	1400~1600	14~16

续表

岩石级别	岩石名称	实体岩石自然湿度时的平均密度（kg/m^3）	净钻时间（min/m）			极限抗压强度（kg/cm^2）	强度系数 f
			用直径 30mm 合金钻头，凿岩机打眼（工作气压为 4.5 气压）	用直径 30mm 淬火钻头，凿岩机打眼（工作气压为 4.5 气压）	用直径 25mm 钻杆，人工单人打眼		
1	2	3	4	5	6	7	8
XIII	1.中粒花岗岩	3100	14.1（13.4～14.8）	27.5（25.1～30）	360（321～400）	1600～1800	16～18
	2.坚实的片麻岩	2800					
	3.辉绿岩	2700					
	4.玢岩	2500					
	5.坚实的粗面岩	2800					
	6.中粒正常岩	2800					
XIV	1.特别坚实的细粒花岗岩	3300	15.5（14.9～18.2）	32.5（30.1～40）		1800～2000	18～20
	2.花岗片麻岩	2900					
	3.闪长岩	2900					
	4.最坚实的石灰岩	3100					
	5.坚实的玢岩	2700					

续表

岩石级别	岩石名称	实体岩石自然湿度时的平均密度（kg/m^3）	净钻时间(min/m)			极限抗压强度（kg/cm^2）	强度系数 f
			用直径 30mm 合金钻头，凿岩机打眼（工作气压为 4.5 气压）	用直径 30mm 淬火钻头，凿岩机打眼（工作气压为 4.5 气压）	用直径 25mm 钻杆，人工单人打眼		
1	2	3	4	5	6	7	8
XV	1.安山岩、玄武岩、坚实的角闪岩 2.最坚实的辉绿岩及闪长岩 3.坚实的辉长岩及石英岩	3100 2900 2800	20 （18.3～24）	46 （40.1～60）		2000～2500	20～25
XVI	1.钙钠长石质橄榄石质玄武岩 2.特别坚实的辉长岩、辉绿岩、石英岩及玢岩	3300 3000	>24	>60		>2500	>25

附录二-4　水力冲挖机组土类分级表

土类级别	土类名称		自然密度（kg/m^3）	外形特征	开挖方法
Ⅰ	1	稀淤	1500~1800	含水饱和,搅动即成糊状	不成锹,用桶装运
	2	流砂		含水饱和,能缓缓流动,挖而复涨	
Ⅱ	1	砂土	1650~1750	颗粒较粗,无凝聚性和可塑性,空隙大,易透水	用铁锹开挖
	2	砂壤土		土质松软,由砂与壤土组成,易成浆	
Ⅲ	1	烂淤	1700~1850	行走陷足,粘锹粘筐	用铁锹或长苗大锹开挖
	2	壤土		手触感觉有砂的成分,可塑性好	
	3	含根种植土		有植物根系,能成块,易打碎	
Ⅳ	1	粘土	1750~1900	颗粒较细,粘手滑腻,能压成块	用三齿叉撬挖
	2	干燥黄土		粘手,看不见砂粒	
	3	干淤土		水分在饱和点以下,质软易挖	

附录二-5　松散岩石的建筑材料分类和野外鉴定

(一)松散岩粒度分类

<table>
<tr><td colspan="3">建筑材料松散岩石
颗粒划分表</td><td colspan="3">工程地质松散岩石颗粒划分表</td></tr>
<tr><td colspan="2">粒级名称</td><td>粒径(mm)</td><td colspan="2">名　称</td><td>粒径(mm)</td></tr>
<tr><td colspan="2" rowspan="3">蛮石</td><td rowspan="3">>150</td><td colspan="2">漂石(磨圆的)、块石(棱角的)</td><td>>200</td></tr>
<tr><td rowspan="3"></td><td>大</td><td>>800</td></tr>
<tr><td>中</td><td>800~400</td></tr>
<tr><td rowspan="8">砾石</td><td rowspan="2">极粗</td><td rowspan="2">150~80</td><td>小</td><td>400~200</td></tr>
<tr><td colspan="2">卵石(磨圆的)、碎石(棱角的)</td><td>200~20</td></tr>
<tr><td rowspan="2">粗</td><td rowspan="2">80~40</td><td rowspan="4"></td><td>极大</td><td>200~100</td></tr>
<tr><td>大</td><td>100~60</td></tr>
<tr><td rowspan="2">中</td><td rowspan="2">40~20</td><td>中</td><td>60~40</td></tr>
<tr><td>小</td><td>40~20</td></tr>
<tr><td rowspan="2">细</td><td rowspan="2">20~5</td><td colspan="2">圆砾、角砾</td><td>20~2</td></tr>
<tr><td rowspan="3"></td><td>粗</td><td>20~10</td></tr>
<tr><td rowspan="6">砂粒</td><td>极粗</td><td>5~2.5</td><td>中</td><td>10~5</td></tr>
<tr><td>粗</td><td>2.5~1.2</td><td>细</td><td>5~2</td></tr>
<tr><td>中</td><td>1.2~0.6</td><td colspan="2">砂粒</td><td>2~0.05</td></tr>
<tr><td>细</td><td>0.6~0.3</td><td rowspan="4"></td><td>粗</td><td>2~0.5</td></tr>
<tr><td>微细</td><td>0.3~0.15</td><td>中</td><td>0.5~0.25</td></tr>
<tr><td>极细</td><td>0.15~0.05</td><td>细</td><td>0.25~0.1</td></tr>
<tr><td rowspan="4">粉粒</td><td rowspan="2">粗</td><td rowspan="2">0.05~0.01</td><td>极细</td><td>0.1~0.05</td></tr>
<tr><td colspan="2">粉粒</td><td>0.05~0.005</td></tr>
<tr><td rowspan="2">细</td><td rowspan="2">0.01~0.005</td><td rowspan="2"></td><td>粗</td><td>0.05~0.01</td></tr>
<tr><td>细</td><td>0.01~0.005</td></tr>
<tr><td rowspan="2">粘粒</td><td colspan="2" rowspan="2"><0.005</td><td colspan="2">粘粒</td><td><0.005</td></tr>
<tr><td colspan="2">胶粒</td><td><0.002</td></tr>
</table>

(二)砾石的分类

名称	砾石含量(%)		
	>20mm	>10mm	>2mm
卵石及碎石	>50		
粗　　砾		>50	
细　　砾			>50

(三)砂的分类(按混凝土细骨料粒度划分)

名称	颗粒含量(%)					
	10~5mm	>2.5mm	>1.2mm	>0.6mm	>0.3mm	>0.05mm
极粗砂	<5	>50				
粗　砂	<8		>50			
中　砂	0			>50		
细　砂	0				>50	
极细砂	0					>50

(四)土的分类(按塑性指数分类)

土　名	塑性指数 I_P
砂　土	$I_P \leqslant 1$
砂壤土	$1 < I_P \leqslant 7$
壤　土	$7 < I_P \leqslant 17$
粘　土	$I_P > 17$

(五)土的野外鉴定

土类	用手搓捻时的感觉	用放大镜及肉眼观察搓碎的土	干时土的状态	潮湿时土的状态	潮湿时,将土搓捻的情况	潮湿时,用小刀切削情况	水中崩解	其他特征
粘土	极细的均质土块,很难用手搓碎	均质细粉末,看不见砂粒	坚硬用锤能打碎,碎块不会散落	粘塑的,滑腻的,粘连的	很容易搓成细于0.5mm的长条,易滚成小土球	表面光洁,土面上看不见砂粒	崩解甚慢	干时有光泽、有细狭条纹
壤土	没有均质的感觉,感到有些砂粒,土块容易压碎	从它的细粉末可以清楚地看到砂粒	用锤击和手压,土块容易被碎开	塑性的,弱粘结性的	能搓成比粘土较粗的短土条,能滚成小土球	可以感觉到有砂粒的存在	易崩解	干时,光泽暗沉,条纹较粘土粗而宽
粉质壤土	砂粒的感觉少,土块容易压碎	砂粒很少,可以看到很多细粉粒	用锤击和手压,土块容易被碎开	塑性的,弱粘结性的	不能搓成很长的土条,而用手搓成的土条容易破碎	土面粗糙	崩解甚快	干时,光泽暗沉,条纹较粘土粗而宽
砂壤土	土质不均匀,能清楚地感觉到砂粒的存在,稍用力土即压碎	粉粒多于粘粒	土块容易散开,用手压或用铲铲起丢掷,土块散成土屑	无塑性	几乎不能搓成土条,滚成的土球容易开裂和散落			

续表

土类	用手搓捻时的感觉	用放大镜及肉眼观察搓碎的土	干时土的状态	潮湿时土的状态	潮湿时，将土搓捻的情况	潮湿时，用小刀切削情况	水中崩解	其他特征
砂土	只有砂粒的感觉，没有粘粒的感觉	只能看见砂粒	松散的，缺乏胶结	无塑性，成液体状	不能搓成土条和土球			
粉土	有干面似的感觉	砂粒少，粉粒多	土块极易散落	成流体状	不能搓成土条和土球			
砾质土	大于 2mm 的土粒很多，其含量超过 50% 者称为砾石							

附录二-6　冲击钻钻孔工程地层分类与特征

地层名称	特　　征
1.粘　土	塑性指数>17,人工回填压实或天然的粘土层,包括粘土含石
2.砂壤土	1<塑性指数≤17,人工回填压实或天然的砂壤土层。包括土砂、壤土、砂土互层、壤土含石和砂土
3.淤　泥	包括天然孔隙比>1.5 时的淤泥和天然孔隙比>1 而≤1.5 的粘土和亚粘土
4.粉细砂	d_{50}≤0.25mm,塑性指数<1,包括粉砂、粉细砂含石
5.中粗砂	d_{50}>0.25mm,并且 d_{50}≤2mm,包括中粗砂含石
6.砾　石	粒径 20~2mm 的颗粒占全重 50%的地层,包括砂砾石和砂砾
7.卵　石	粒径 200~20mm 的颗粒占全重 50%的地层,包括砂砾卵石
8.漂　石	粒径 800~200mm 的颗粒占全重 50%的地层,包括漂卵石
9.混凝土	指水下浇筑,龄期不超过 28 天的防渗墙接头混凝土
10.基　岩	指全风化、强风化、弱风化的岩石
11.孤　石	粒径>800mm 需作专项处理,处理后的孤石按基岩定额计算

注:1、2、3、4、5 项包括≤50%含石量的地层。

附录二-7　混凝土、砂浆配合比及材料用量

（一）混凝土配合比有关说明

1.水泥混凝土强度等级以28天龄期用标准试验方法测得的具有95%保证率的抗压强度标准值确定，如设计龄期超过28天，按表7-1系数换算。计算结果如介于两种强度等级之间时，应选用高一级的强度等级。

表7-1

设计龄期(天)	28	60	90	180
标号折合系数	1.00	0.83	0.77	0.71

2.混凝土配合比表系卵石、粗砂混凝土，如改用碎石或中、细砂，按表7-2系数换算。

表7-2

项　　目	水泥	砂	石子	水
卵石换为碎石	1.10	1.10	1.05	1.10
粗砂换为中、细砂	1.07	0.98	0.98	1.07
卵石、粗砂换为碎石，中、细砂	1.17	1.08	1.04	1.17

注：水泥按重量计，砂、石子、水按体积计。

3.粗砂系指平均粒径>0.5mm，中细砂系指平均粒径>0.25mm。

4.埋块石混凝土，应按配合比表的材料用量，扣除埋块石实体

的数量计算。

①埋块石混凝土材料量=配合比表列材料用量×(1-埋块石量%)。

1块石实体方=1.67码方

②因埋块石增加的人工见表7-3。

表7-3

埋块石率(%)	5	10	15	20
每 $100m^3$ 埋块石混凝土增加人工工时	24.0	32.0	42.4	56.8

注:不包括块石运输及影响浇筑的工时。

5.有抗渗抗冻要求时,按表7-4水灰比选用混凝土强度等级。

表7-4

抗渗等级	一般水灰比	抗冻等级	一般水灰比
W4	0.60~0.65	F 50	<0.58
W6	0.55~0.60	F 100	<0.55
W8	0.50~0.55	F 150	<0.52
W 12	<0.50	F 200	<0.50
		F 300	<0.45

6.混凝土配合比表的预算量包括场内运输及操作损耗在内,不包括搅拌后(熟料)的运输和浇筑损耗,搅拌后的运输和浇筑损耗已根据不同的浇筑部位计入定额内。

7.按照国际标准(ISO3893)的规定,且为了与其他规范相协调,将原规范混凝土及砂浆标号的名称改为混凝土及砂浆强度等级。新强度等级与原标号对照见表7-5、表7-6。

表 7-5

原混凝土标号(kgf/cm^2)	100	150	200	250	300	350	400
混凝土强度等级(C)	C9	C14	C19	C24	C29.5	C35	C40

表 7-6

原砂浆标号(kgf/cm^2)	30	50	75	100	125	150	200
砂浆强度等级(M)	M3	M5	M7.5	M10	M12.5	M15	M20

(二)普通混凝土材料配合比

普通混凝土材料配合比见表 7-7。

(三)泵用混凝土材料配合比

泵用混凝土材料配合比见表 7-8。

(四)水泥砂浆配合比

水泥砂浆配合比见表 7-9。

表 7-7 **普通混凝土材料配合比表** 单位：m^3

序号	混凝土强度等级	水泥强度等级	水灰比	级配	最大粒径(mm)	配合比			预算量					
						水泥	砂	石子	水泥(kg)	粗砂		卵石		水(m^3)
										(kg)	(m^3)	(kg)	(m^3)	
1	C10	32.5	0.76	1	20	1	3.70	5.11	233	866	0.58	1207	0.75	0.172
				2	40	1	4.04	6.58	203	823	0.55	1355	0.85	0.150
				3	80	1	3.75	9.19	174	657	0.44	1625	1.02	0.129
				4	150	1	3.77	11.9	149	562	0.37	1798	1.12	0.110
2	C15	32.5	0.65	1	20	1	3.13	4.31	271	850	0.57	1185	0.74	0.172
				2	40	1	3.33	5.67	236	789	0.53	1356	0.85	0.150
				3	80	1	3.07	7.90	203	627	0.42	1627	1.02	0.129
				4	150	1	3.07	10.3	173	533	0.36	1803	1.13	0.110
3	C20	32.5	0.57	1	20	1	2.55	3.83	309	794	0.53	1202	0.75	0.172
				2	40	1	2.71	5.03	270	734	0.49	1377	0.86	0.150
				3	80	1	2.56	6.93	232	597	0.40	1628	1.02	0.129
				4	150	1	2.54	9.00	198	505	0.34	1807	1.13	0.110
		42.5	0.65	1	20	1	3.13	4.31	270	850	0.57	1185	0.74	0.172
				2	40	1	3.33	5.67	236	789	0.53	1356	0.85	0.150
				3	80	1	3.07	7.90	203	627	0.42	1627	1.02	0.129
				4	150	1	3.07	10.3	173	533	0.36	1803	1.13	0.110

续表

序号	混凝土强度等级	水泥强度等级	水灰比	级配	最大粒径(mm)	配合比			预算量					
						水泥	砂	石子	水泥(kg)	粗砂		卵石		水
										(kg)	(m^3)	(kg)	(m^3)	(m^3)
4	C25	32.5	0.49	1	20	1	1.98	3.37	360	715	0.48	1230	0.77	0.172
				2	40	1	2.28	4.24	314	719	0.48	1348	0.84	0.150
				3	80	1	1.92	6.09	270	521	0.35	1666	1.04	0.129
				4	150	1	1.95	7.80	230	452	0.30	1826	1.14	0.110
		42.5	0.57	1	20	1	2.53	3.80	311	793	0.53	1201	0.75	0.172
				2	40	1	2.69	4.99	272	734	0.49	1376	0.86	0.150
				3	80	1	2.54	6.86	234	596	0.40	1627	1.02	0.129
				4	150	1	2.53	8.95	199	504	0.34	1806	1.13	0.110
5	C30	32.5	0.44	1	20	1	1.76	2.99	398	701	0.47	1206	0.75	0.172
				2	40	1	2.02	3.76	347	707	0.47	1326	0.83	0.150
				3	80	1	1.71	5.43	299	514	0.34	1644	1.03	0.129
				4	150	1	1.75	7.01	255	447	0.30	1807	1.13	0.110
		42.5	0.51	1	20	1	2.33	3.34	342	800	0.53	1162	0.73	0.172
				2	40	1	2.48	4.42	299	745	0.50	1337	0.84	0.150
				3	80	1	2.37	6.08	257	611	0.41	1587	0.99	0.129
				4	150	1	2.37	7.94	219	523	0.35	1767	1.10	0.110

续表

序号	混凝土强度等级	水泥强度等级	水灰比	级配	最大粒径（mm）	配合比			预算量					
						水泥	砂	石子	水泥（kg）	粗砂		卵石		水（m^3）
										（kg）	（m^3）	（kg）	（m^3）	
6	C35	32.5	0.39	1	20	1	1.43	2.66	449	645	0.43	1210	0.76	0.172
				2	40	1	1.66	3.36	392	652	0.43	1336	0.84	0.150
				3	80	1	1.37	4.86	337	463	0.31	1657	1.04	0.129
				4	150	1	1.38	6.27	287	397	0.26	1825	1.14	0.110
		42.5	0.46	1	20	1	1.83	3.12	384	707	0.47	1215	0.76	0.172
				2	40	1	2.12	3.94	335	712	0.47	1334	0.83	0.150
				3	80	1	1.79	5.65	288	517	0.34	1652	1.03	0.129
				4	150	1	1.82	7.30	245	449	0.30	1815	1.13	0.110
7	C40	32.5	0.36	1	20	1	1.29	2.40	487	632	0.42	1185	0.74	0.172
				2	40	1	1.50	3.04	425	641	0.43	1313	0.82	0.150
				3	80	1	1.24	4.42	365	457	0.30	1635	1.02	0.129
				4	150	1	1.25	5.71	312	392	0.26	1805	1.13	0.110
		42.5	0.43	1	20	1	1.67	2.84	415	695	0.46	1195	0.75	0.172
				2	40	1	1.93	3.59	362	702	0.47	1316	0.82	0.150
				3	80	1	1.64	5.19	311	511	0.34	1635	1.02	0.129
				4	150	1	1.67	6.68	265	445	0.30	1798	1.12	0.110

续表

序号	混凝土强度等级	水泥强度等级	水灰比	级配	最大粒径（mm）	配合比			预算量					
						水泥	砂	石子	水泥（kg）	粗砂		卵石		水（m^3）
										（kg）	（m^3）	（kg）	（m^3）	
8	C45	42.5	0.4	1	20	1	1.57	2.56	445	702	0.47	1156	0.72	0.172
				2	40	1	1.83	3.24	389	712	0.47	1279	0.80	0.150
9	C50	42.5	0.37	1	20	1	1.33	2.46	476	636	0.42	1192	0.74	0.172
				2	40	1	1.54	3.14	416	644	0.43	1320	0.83	0.150
10	C60	42.5	0.33	1	20	1	1.14	2.11	538	614	0.41	1151	0.72	0.172
				2	40	1	1.33	2.69	469	626	0.42	1284	0.80	0.150

表 7-8 **泵用混凝土材料配合比表** 单位：m^3

序号	混凝土强度等级	水泥强度等级	水灰比	级配	最大粒径（mm）	配合比			预算量					
						水泥	砂	石子	水泥（kg）	粗砂		卵石		水（m^3）
										（kg）	（m^3）	（kg）	（m^3）	
1	C15	32.5	0.65	1	20	1	3.08	3.08	315	975	0.65	984	0.62	0.200
			0.65	2	40	1	2.79	3.70	309	865	0.58	1158	0.72	0.196
2	C20	32.5	0.57	1	20	1	2.78	2.78	345	964	0.64	973	0.61	0.192
			0.57	2	40	1	2.89	3.84	302	880	0.59	1178	0.74	0.168
3	C25	32.5	0.49	1	20	1	2.01	2.47	412	835	0.56	1030	0.64	0.197
			0.49	2	40	1	2.12	3.33	362	773	0.52	1221	0.76	0.173
4	C30	32.5	0.44	1	20	1	1.78	2.17	456	815	0.54	1006	0.63	0.197
			0.44	2	40	1	1.88	2.94	400	758	0.51	1196	0.75	0.173
	C30	42.5	0.51	1	20	1	2.46	2.46	382	945	0.63	954	0.60	0.192
			0.51	2	40	1	2.52	3.34	340	862	0.57	1154	0.72	0.171

表 7-9 水泥砂浆配合比表 单位：m^3

序号	砂浆强度等级	水泥标号	砂子粒度	水灰比	稠度（cm）	配合比（重量比）		$1m^3$ 砂浆材料用量		
						水泥	砂	水泥（kg）	砂（m^3）	水（m^3）
1	M5	32.5	粗	1.13	4～6	1	6.9	244	1.12	0.276
			中			1	6.4	256	1.13	0.289
			细			1	5.6	277	1.11	0.313
2	M7.5	32.5	粗	0.99	4～6	1	6.0	276	1.10	0.273
			中			1	5.5	292	1.11	0.289
			细			1	4.8	317	1.09	0.314
3	M10	32.5	粗	0.89	4～6	1	5.3	308	1.09	0.274
			中			1	4.8	327	1.08	0.291
			细			1	4.3	349	1.07	0.311
4	M12.5	32.5	粗	0.80	4～6	1	4.7	342	1.07	0.274
			中			1	4.3	362	1.06	0.290
			细			1	3.8	387	1.05	0.310